高等职业教育产教融合新形态创新教材

# 修井作业虚拟仿真实训

主　编　刘　鹏　胡黎明　徐智聃
副主编　宋胜军　狄　娜　崔盛佳　赵　博　陈薇薇

北京希望电子出版社
Beijing Hope Electronic Press
www.bhp.com.cn

# 内 容 简 介

本书针对石油工程技术、钻井技术专业的教学与一线井下作业的知识与技能需求，设置了包括修井作业操作实训、关井作业操作实训、压井作业操作实训、连续油管作业操作实训 4 个学习情境共计 33 个单元的课程内容。

本书采用工作手册式的编写模式，充分体现校企合作优势，满足企业和学校教学实际需求。

本书适合作为职业院校石油工程技术、钻井技术专业教材，也可作为相关领域从业人员培训、自学的参考用书。

**图书在版编目（CIP）数据**

修井作业虚拟仿真实训 / 刘鹏，胡黎明，徐智聃主编.

-- 北京 ：北京希望电子出版社，2024. 8（2025.4 重印）.

-- ISBN 978-7-83002-864-0

Ⅰ. TE358-39

中国国家版本馆 CIP 数据核字第 2024SF3066 号

出版：北京希望电子出版社

地址：北京市海淀区中关村大街 22 号
中科大厦 A 座 10 层

邮编：100190

网址：www.bhp.com.cn

电话：010-82626293

经销：各地新华书店

封面：汉字风

编辑：龙景楠

校对：安源　毛文潇

开本：787mm×1092mm　1/16

印张：13

字数：308 千字

印刷：北京市密东印刷有限公司

版次：2025 年 4 月 1 版 3 次印刷

**定价：42.00 元**

# 前　言

《国家职业教育改革实施方案》(国发〔2019〕4号)提出:“建设一大批校企‘双元’合作开发的国家规划教材,倡导使用新型活页式、工作手册式教材并配套开发信息化资源。”其中,工作手册式教材的编写吸取企业生产操作指导手册的专业性、规范性、标准化等元素,从而使教材具有实践指导性。克拉玛依职业技术学院教师以修井作业虚拟仿真、连续油管虚拟仿真软件为基础,编写了这本供高职院校石油工程技术、钻井技术专业学生及石油井下作业从业人员学习的工作手册式虚拟仿真实训教材。

本书编写团队深入井下作业现场调研,召开多场实践专家研讨会和课程改革及教材规划研讨会。教材编写本着基于工作过程的教学方法,坚持以工作任务为导向、以项目为载体,严格遵循“工学结合,校企合作”原则。本书编写团队根据石油企业对油气勘探开发生产一线专业技术人才的实际需求,以及井下作业工等职业岗位实际工作任务所需要的知识、能力和素质要求,结合井下综合作业工作中的“工作任务”和“工程过程”,精心设置教材内容,确保其实用性和前瞻性。教材设置了修井作业操作实训、关井作业操作实训、压井作业操作实训、连续油管作业操作实训4个学习情境共计33个单元,涵盖了井下现场作业的主要内容。4个学习情境以单项任务实训为核心,强调内容的科学性、系统性和完整性,帮助学生构建坚实的基础知识;同时,辅以配套的虚拟仿真实训活页,培养学生自主学习能力和实践操作技能,提升学生综合素质。

本教材主要特色如下:

(1)教材编写思路上,严格遵循相关课程标准和教学大纲,并参照井下作业工职业技能等级标准进行编写,使教材既能用于职业院校的学历教育,也能用于职业技能培训。本教材巧妙地结合了相关课程教学标准与职业技能等级标准要求，将技能培训的关键内容融入教材内容之中，通过精心优化教材结构和教学内容，强化岗位技能训练，帮助学生迅速适应岗位的实际工作。

（2）在教材编写过程中发挥校企合作优势。编写团队中既有经验丰富的职业院校老师，也有企业资深专家。教材使用的图片、资料和考评表格等均来自于企业现场。教材内容的编写上注重理实结合，通过图文并茂的呈现方式，结合井下作业工作实际，提高教材的实用性和专业性，使学生能够更好地理解和应用所学知识。

（3）本教材配有学习性工作任务单、图片、微课、理论测试题、技能考核等丰富的数字化资源，力求满足职业院校学生和石油企业员工进行井下作业相关岗位的学习和培训的需求。通过学习本教材，学生可对井下作业实现整体了解，初步了解相关技能操作流程，达到井下作业工职业技能等级证书初级工、中级工的理论考核要求。

（4）本教材配套考核按照项目考核的方式进行，每一个考核项目均包括理论考核和技能考核两部分，通过教师与学生共同评价，集知识、技能、素质三方面于一体，按照单项任务考核、综合考核的程序评定学生成绩。教材编写充分体现了“工学结合，校企合作”“以学生为主体”“基于工作过程”的教学模式。

（5）本教材的课程思政元素以石油行业“石油精神”“工匠精神”“安全生产”的理念为指引，运用贴合行业现场、社会生活的题材和内容，提高教材使用者的专业素质和职业素养。

本书由刘鹏、胡黎明、徐智聃担任主编，全书由刘鹏负责统稿。

教材编写过程中得到了克拉玛依职业技术学院石油工程分院、中国石油集团西部钻探工程有限公司井下作业公司、中国石油集团西部钻探工程有限公司试油公司、北京润尼尔科技股份有限公司的大力支持，以及参编老师和企业专家的支持和帮助，在此一并表示衷心感谢。由于编者水平有限，书中疏漏不妥之处在所难免，恳请广大读者批评指正。

**编　者**

**2023年10月**

## 学习情境一　修井作业操作实训



## 学习情境二　关井作业操作实训

## 学习情境三　压井作业操作实训



## 学习情境四　连续油管作业操作实训



## 修井作业配套虚拟仿真实训活页

# 学习情境一　修井作业操作实训

## 学习性工作任务单

| 学习情境一 | 修井作业操作实训 | 总学时 | 18学时 |
|---|---|---|---|
| 典型工作过程描述 | 油水井小修作业亦称油水井维修，一般指只需起下管柱便可完成的井下作业，主要包括压井、清蜡与检泵、清砂与防砂、更换井下管柱、小型打捞等。虽然油水井维修工艺简单、施工时间短，但需要经常进行，因而油水井小修作业在整个修井作业中占的比例很大 | | |
| 学习目标 | 1. 掌握井下作业的有关基础知识、工作方针、送修程序及施工前的准备工作等内容<br>2. 掌握起下油管、铅模打印及复杂打捞作业基本知识和常用方法<br>3. 掌握井下作业用的设备、工具的结构和工作原理，具有一定的设备、工具使用经历和能力<br>4. 在井下作业施工中，具有一定的分析、解决问题的能力 | | |
| 素质目标 | 熟悉井下作业行业模范人物和模范事迹，树立正确的职业观，筑牢安全生产意识防线，培养吃苦耐劳的品质和爱岗敬业、维护油气井正常生产的新时代石油精神 | | |
| 任务描述 | 修井作业现场需要作业人员根据修井任务，按照操作规程及技能要点，安全、有效地完成实训 | | |
| 学时安排 | 任务 | 学时 | |
| | 起下油管作业 | 2 | |
| | 冲砂作业 | 2 | |
| | 铅模打印作业 | 2 | |
| | 偏心辊子整形打捞 | 2 | |
| | 可退式捞矛作业 | 2 | |
| | 滑块捞矛作业 | 2 | |
| | 测卡点作业 | 2 | |
| | 套管刮削作业 | 2 | |
| | 油管传输射孔作业 | 2 | |
| 教学安排 | 2学时教学安排一般为：资讯（15 min）→计划（15 min）→决策（15 min）→实施（30 min）→检查（10 min）→评价（5 min）<br>其余学时的教学安排由任课老师参照2学时教学安排并根据实际教学需求进行调整即可 | | |
| 教学要求 | **学生：**完成课前预习实训作业单，利用网络查找有关实训的学习资料；实训过程中穿戴劳保用品，贯彻落实自己不伤害自己、自己不伤害他人、自己不被他人伤害、保护他人不被伤害的“四不伤害”原则和其他安全注意事项，严格遵守实训室的各项规章制度<br>**教师：**课前勘察现场环境，准备实训器材；课中根据现场岗位需要，安全、有效地完成实训任务，做好随堂评价；课后记录教学反馈 | | |

# 单元1 起下油管作业

## 【任务描述】

起下油管是指用吊升系统将井内的管柱提出井口，并逐根卸下放在油管桥上，经过清洗、丈量、重新组配和更换下井工具后，再逐根下入井内的过程。

## 【相关知识】

### 一、作业准备

（一）资料

（1）施工设计。

（2）井内油管规格、根数和长度，井下工具名称、规格、深度及井下管柱结构示意图。

（3）与起下油管有关的井下事故发生时间、事故类型、实物图片及铅印图。

（二）施工设备

（1）修井机或通井机必须满足施工提升载荷的技术要求，运转正常、刹车系统灵敏可靠。

（2）井架、天车、游动滑车、绷绳、绳卡、死绳头和地锚等，均符合技术要求。

（3）调整井架绷绳，使天车、游动滑车和井口中心在一条垂直线上。

（4）检查动力钳、管钳和吊卡，使其满足起下油管的规范要求。

（5）作业中的修井机或通井机都应安装合格的指重表或拉力计。

（6）大绳应使用$\phi$ 19 mm以上的钢丝绳，穿好游动滑车后整齐地缠绕排列在滚筒上。游动滑车放至最底点时滚筒余绳应不少于9圈。

（三）管材及下井工具

（1）油管、抽油杆和钻杆的规格、数量和钢级应满足工程设计要求，不同钢级和壁厚的管材不能混杂堆放。

（2）清洗油管内外螺纹，检查油管有无弯曲、腐蚀、裂缝、孔洞和螺纹损坏。不合格油管应标明显记号单独摆放，不准下入井内。

（3）用锅炉车清洗油管内外泥砂、结蜡、高凝油等，并涂螺纹密封脂。

（4）下井油管必须用油管通径规通过。

（四）搭油管（钻杆、抽油杆）桥

（1）油管（钻杆）桥离地高度不小于0.3 m，不少于3个支点。

（2）抽油杆桥离地高度不小于0.5 m，不少于2个支点。

（3）油管（钻杆）桥和抽油杆桥距井口2 m，并留有安全通道。

## 二、起油管操作步骤（以无钻台起下油管作业为例）

（1）一岗指挥操作手缓慢下放吊环，当吊环下端接近井口时，一岗和二岗同时一手握住吊环（拉扶吊环下部300 mm处），一手握住吊卡保险销，同时拉向吊卡。当吊环下端与吊卡耳口持平时，操作手停止下放。一、二岗同时将吊环推进井口吊卡两边耳内，将吊卡保险销插进吊卡两耳孔中。

（2）一岗指挥操作手试提时，操作手缓慢、平稳上提；二、三岗分别至前绷绳处待命观察地锚及绷绳受力变化情况。待指重表悬重与井内管柱负荷基本一致时，操作手将井内下一根油管接箍起出井口0.3 m以上时刹停。

（3）一、二岗配合坐吊卡，一岗扣好吊卡月牙，必须由二岗确认已扣好。两岗再配合快速地将吊卡旋转180°，一岗方可示意操作手下放管柱，使井口油管卸载。

（4）一岗将液压油管钳钳体上旋钮调至卸扣方向，拉液压油管钳至井口并扣住油管本体，把变速挡手柄扳至低速位置，左手抓稳钳头拉环，右手握操作手柄卸扣，当卸松扣后扳动变速手柄转为高速挡，待油管螺纹卸扣至最后3～5扣时降低转速。直至油管螺纹全部卸开，然后把液压钳从油管本体上退出。一岗在操作液压钳时，三岗将小滑车送至滑道井口端并手持管钳站在滑道井口端。

（5）一岗指挥操作手上提油管0.3 m左右刹车，再缓慢下放油管。二岗扶住油管，将下端放入滑道上的小滑车中间，操作手平稳下放游车，三岗将油管用管钳卡住油管本体顺滑道向后拉，使小滑车滑行速度与游车大钩下放速度一致且平稳。下拉时采用侧身姿势，面向滑道，注意观察下放速度和井口端油管高度变化，保持与井口配合，避免碰井口或小滑车翻落，管钳在油管公扣端1 m附近卡牢，下拉用力均匀，避免油管窜动。

（6）待油管上端接箍靠在滑道井口端时，操作手停止下放。一、二岗同时取下吊卡保险销，并从吊卡耳中拉出吊环（拉扶吊环下部300 mm处）。示意操作手缓慢上提游车大钩，一岗和二岗一起用手扶稳吊环，当吊环下端缓慢上升与井口吊卡耳口持平时刹停，同时将吊环迅速推进井口吊卡两边耳内，将吊卡保险销插进吊卡两耳孔中。

（7）一、二岗退距井口1 m后，一岗再指挥操作手匀速上提管柱，同时操作手注意观察指重表的悬重变化情况。

（8）一岗和二岗将油管凳上刚起出的油管吊卡取下，放在井口不碍起油管上提位置备用。二岗与三岗再将拉下的油管摆放在油管桥上，10根一组摆放整齐。

（9）重复上述操作，直至将井内油管及工具全部起出井口。

## 三、下油管操作步骤

（1）下油管时，二岗与三岗配合将油管（或机具）下端抬到滑道小滑车上，上端搭放到滑道前端。

（2）一岗和二岗将吊卡扣在待要下井的油管（或机具）的本体靠近接箍处，一岗扣好吊卡月牙，二岗检查确认扣好。一岗和二岗再将吊卡旋转180°，使吊卡开口朝上。

（3）一岗指挥操作手缓慢下放吊环，当吊环下端接近井口时，一岗和二岗同时一手握住吊环（拉扶吊环下部300 mm处），一手握住吊卡保险销，同时拉向吊卡。当吊环下端与吊卡耳口持平时，操作手停止下放。

（4）一岗与二岗同时将吊环推进吊卡两耳内，并将吊卡保险销插入吊卡两耳孔中扶稳吊环。示意操作手缓慢上提，一岗和二岗手扶吊环使油管（机具）接箍过防喷器后（注意防止起吊的油管接箍挂在大四通顶丝或井口其他凸出部位上），同时松手并退至距离井口1 m处。

（5）三岗用管钳卡住要下井的油管本体，配合操作手上提速度向井口方向扶送油管。

（6）当上提的油管（机具）下端至滑道井口端时，二岗接住油管（机具）扶至井口上方0.3 m左右；同时，三岗送小滑车至管桥后端，一岗指挥操作手刹车，然后缓慢下放油管下入井内。当接下第二根油管时，上提待下油管将油管公扣对入井口油管母扣中，操作手卸载刹车。

（7）一岗将液压钳调至上扣，拉至井口扣住油管本体，小油门低速上扣，当旋入2～3圈确认丝扣未错扣后加油转为高速，待油管螺纹旋进剩余2～3扣时，转挂低速挡紧扣。紧扣完毕后把液压钳从油管本体上退出。

（8）一岗使用液压钳调上扣过程时，二岗和三岗配合将下一根待下油管接箍端抬排至滑道上，使油管前端长度处于方便扣挂吊卡、吊环位置。

（9）一岗指挥操作手上提油管，油管接箍离开井口吊卡0.1 m左右刹车，和二岗将井口吊卡旋转180° 打开取下，并将其扣在待下井的另一根油管本体靠近接箍处，一岗扣好吊卡月牙，二岗检查确认扣好。一岗和二岗再将吊卡旋转180°，使吊卡开口朝上。

（10）一岗和二岗后退至距离井口1 m时，一岗指挥操作手匀速下放油管，当吊环下端距井口1 m左右时，示意操作手缓慢下放。一岗和二岗上前将吊环取出并挂向待下油管的吊卡上。

（11）重复上述各项操作，直至将地面油管及工具按施工设计要求下入井内。

## 四、起下井下管串技术要求

1. 起管串

（1）设备、设施运转正常，固定牢靠，符合技术要求，并安装合格的指重表或拉力计。

（2）大绳必须用$\phi$ 22～25 mm的钢丝绳，当游动滑车在最低位置时，滚筒上至少留半层钢丝绳（不少于15圈），当大绳在一股一捻距断丝超过3根时要更换大绳。

（3）起油杆时，遇卡不得硬提，必要时用倒扣办法起出。起出的活塞应卸下来，擦洗干净，对上下凡尔状况，如是否齐全，有无堵塞物以及表面是否拉伤等做出描述记录后妥善保管。

（4）起出油管和抽油杆，按规范每10根一组，整齐排列在油管桥和抽油杆桥上，两端外露长度相等并不着地。

（5）根据动力提升能力、井深和井下管柱结构的要求，管柱从缓慢提升开始，随着悬重的减少，逐渐加快提升速度。

（6）油管螺纹全部松开后才能提升油管。

（7）井口操作及拉油管人员要逐根检查油管、抽油杆外表，以及丝扣是否有腐蚀、破裂、磨损、裂缝、孔洞、砂眼、变形、缩径、弯曲、漏失及结垢等情况。不合格的油管、抽油杆标上明显记号单独摆放，同时要注意观察井筒液面位置。

（8）起井下工具和最后几根油管时，提升速度要小于5 m/min，防止碰坏井口，拉断、拉弯油管或井下工具。

（9）起立柱时，起完管柱或中途停止作业，井架工应该从二层平台将管柱固定。

（10）盖好井口，对油管、抽油杆进行逐根校核。

2. 下管串

（1）油管、抽油杆的规格、数量、钢级满足工程设计要求。管、杆若有弯曲、变形、缩径、磨损、腐蚀、结垢严重、裂缝、孔洞、砂眼、螺纹损坏等情况，不得下井。

（2）下井油管、抽油杆要清洗干净，油管要用通径规通过。

（3）丈量油管、抽油杆必须用10 m长的钢卷尺，反复丈量三次，累计复核误差每1 000 m小于0.2 m。

（4）所选用的工具及其附件的规范、型号要符合设计要求。

（5）涂料油管的涂料层要均匀、无掉块、不起皮、丝扣部分无涂料。

（6）下井工具要附有合格证，按说明书使用。

（7）所选用的井下工具要与套管内径、井身结构、施工压力、排量相适应。

（8）封隔器坐封位置必须避开套管接箍，坐封位置不得超过设计要求误差的范围。

（9）入井油管、抽油杆丝扣必须清洁、上正、上满、旋紧，下井前要涂抹密封脂。

（10）液压钳的操作：压力6～8 Mpa，对于$\phi$ 62 mm、J-55钢级的非加厚油管扭矩1 450～1 800 N · m；对于$\phi$ 62 mm、J-55钢级外加厚油管扭矩2 300～2 850 N · m，下钻要用对扣器，人工先用管钳上2～3扣后再用液压钳上扣，禁止慢挡冲击，卸扣后空转小于1圈。

（11）油管下到设计井深的最后几根时，下放速度不得超过5 m/min，防止因长度误差蹲弯管串。

（12）下入井内的大直径工具在通过射孔段时，下钻速度不得超过5 m/min，防止卡钻和工具损坏。

（13）管串未下到预定位置遇阻或上提遇卡时，应及时分析井下情况，校对各项数据，查明原因及时解决。

（14）管串下完后坐好井口。

（15）对下井管串的总要求，下入井下管串要组配合理，达到保护套管、卡准油层之目的。井下管串要下得去、封得严、耐得久、起得出，坚决执行“五不下井”（即油管杆不清洁不下井、油管杆变形弯曲损伤不下井、油管杆丈量不清不下井、油管通径规通不过不下井、下井工具无合格证不下井）的原则。

（16）下钻要平稳，防止碰、挂，严禁溜钻、顿钻。

## 五、风险提示及控制或削减措施

| 作业内容 | 风险提示 | 控制或削减措施 |
| --- | --- | --- |
| 起下油管操作 | （1）吊卡未插保险销，吊环甩弹伤害 | （1）保险销配备齐全、完好<br>（2）协调配合操作 |
| 起下油管、机具 | （2）保险销无保险绳，管柱蹩跳，销子坠落，吊环甩弹伤害 | （1）系好保险绳<br>（2）无保险绳，严禁起下作业 |
| | （3）吊卡手柄、月牙松动、脱落 | （1）检查手柄及保险销松紧情况<br>（2）定期维护、保养，损坏及时更换 |
| | （4）摘取吊卡砸伤 | （1）相互协调配合，轻拿轻放<br>（2）平稳操作，控制速度 |
| | （5）管钳断、滑脱等飞出伤害 | （1）检查管钳牙板完好程度，损坏及时更换<br>（2）打好管钳，咬紧管柱<br>（3）操作姿势正确 |
| | （6）操作液压钳时未系袖口绞入钳内或误将手伸入转动的钳口咬伤、夹伤 | （1）手、身体不得接触危险部位<br>（2）工作时系好袖口 |
| | （7）液压钳尾绳断脱 | （1）检查尾绳钢丝是紧固、有无断头及磨损情况<br>（2）钢丝尾绳直径和长度适中 |
| | （8）挂单吊环造成人员伤害、设备损坏 | （1）相互协调配合，平稳操作<br>（2）养成良好的同步操作习惯 |
| | （9）下油管时上斜扣或上扣不到位，造成油管坠落 | （1）上扣平稳、到位，不得斜扣<br>（2）操作人员细心操作和检查 |
| | （10）起下时碰挂井口，拉油管造成作业人员伤害 | （1）在起下时井口人员抓扶吊环在300mm以上位置，防止手被夹伤或油管碰挂井口<br>（2）拉油管时不得跨骑油管，防止油管碰挂井口尾部翘起伤人 |
| | （11）起下时带出的油污污染土壤 | （1）起下管柱时刮油，减少油污的带出<br>（2）井口周围铺垫防渗膜，定向排放，集中回收 |

## 【任务实施】虚拟仿真系统操作

（一）下油管

1. 按【开始】按钮或【开始/结束】按钮，开始本次作业。

2. 起空吊卡：

（1）按【大钩挂空吊卡】按钮或【吊环接/卸空吊卡】按钮，大钩挂上空吊卡。

（2）上提空吊卡至二层台。

（3）当大钩高度到达二层台（18.6～19.0 m）时，停大钩。

3. 立柱出立杆盒：按【接油管（挂）】按钮或【接/卸油管（单根）】按钮，将油管从油管盒内起出，并送回井口与管柱对扣。

**操作提示**

若大钩高度未在规定范围内，此操作将无法进行，系统会有语音提示。

4. 上扣。

5. 移开吊卡：

（1）上提管柱，指重表所指悬重变化为整个管柱重量。

（2）使气动卡瓦处于松开状态，移开井口吊卡。

6. 下放管柱：下放管柱到井口，指重表所指悬重变化为大钩重量。

7. 摘开吊卡：按【卸井口钻具】按钮或【吊环接/卸管柱】按钮，摘开吊卡。

8. 至此，完成下油管操作。可选择以下两种后续操作之一。

操作1：返回步骤2，重新起空吊卡，继续下放钻柱。

操作2：按【结束】按钮或【开始/结束】按钮，结束本次作业。

（二）起油管

1. 按【开始】按钮或【开始/结束】按钮，开始本次作业。

2. 吊井口油管：

（1）将大钩下放到0.6 m以下。

（2）按【挂井口钻具】按钮或【吊环接/卸管柱】按钮，吊环吊上井口管柱。

3. 上提管柱，指重表所指悬重变化为整个管柱重量。

4. 正常起油管：

（1）上提管柱至合适位置（大钩高度19.2～20.00 m）。

（2）使气动卡瓦处于卡紧状态，将卡瓦移动到井口。

（3）松开刹把，指重表所指悬重变化为大钩重量。

（4）卸扣。

（5）上提管柱至19.3～20 m，按【油管进油管盒】按钮或【接/卸油管（单根）】按钮，执行管柱进油管盒操作。

5. 至此，完成起油管操作。可选择以下两种后续操作之一。

操作1：返回步骤2，重新挂油管，继续起油管。

操作2：按【结束】按钮或【开始/结束】按钮，结束本次作业。

**操作提示**

- 大钩上有吊卡时，要执行挂井口钻具动作，需先执行卸大钩吊卡动作，将大钩上的吊卡卸掉。
- 大钩上无吊卡时，要执行接油管动作，需先执行大钩挂空吊卡动作，大钩挂上吊卡。
- 只有完成了起油管和下油管才能算作完成了本次作业的考核。

# 单元2 冲砂作业

## 【任务描述】

在油水井生产过程中，由于油层出砂、工程填砂，会出现砂面部分或全部埋没油层的情况，不利于油水井生产。因此，需要将井眼冲洗干净，建立生产通道。先要进行探砂面的工作。探砂面即下入管柱实探井内砂面深度的施工。通过实探井内的砂面深度，可以为下一步下入的其他管柱提供参考依据，也可以通过实探砂面深度了解地层出砂情况。如果井内砂面过高，掩埋油层或影响下步要下入的其他管柱，就需要冲砂施工。冲砂是向井内高速注入液体，靠水力作用将井底沉砂冲散，利用液流循环上返的携带能力，可将冲散的砂子带到地面。

## 【相关知识】

### 一、探砂面

（1）探砂面施工可以用两种管柱来完成：一种是使用加深原井管柱探砂面；另一种是使用起出的原井管柱作为探砂面管柱，下入探砂面。

（2）准备冲砂管、油管或其他下井工具，准备灵敏的拉力表。

（3）起出或加深原井管柱，下管柱探砂面。

（4）用金属绕丝筛管防砂的井，要下入带冲管的组合管柱探砂面。

（5）当油管或下井工具下至距油层上界30 m时，下放速度应小于1.2 m/min，悬重下降10～20 kN时为遇砂面，连探3次。2 000 m以内的井深误差应小于0.3 m，2 000 m以上的井深误差应小于0.5 m。连探三次的平均深度即为砂面深度。

（6）用带冲管的组合管柱探砂面，在冲管接近防砂铅封顶或进入绕丝筛管内时，要边转管柱边下放，悬重下降5～10 kN为砂面深度，连探3次，允许误差小于0.5 m，记录砂面位置。

（7）起出管柱后，还要复查丈量油管，进一步确认砂面深度。

### 二、冲砂施工

#### （一）冲砂液性能要求

冲砂液是施工的主要工作介质，应具备以下性能要求：

（1）有一定的黏度，以保证良好的冲砂和携砂能力。

（2）有一定的密度来压井，防止冲砂过程中发生井喷。

（3）与油层配伍性好，不损害油层，性能稳定。

（4）来源广，价格便宜。

## （二）冲砂方式

按照冲砂液在井内的不同循环通路，冲砂方式可分为正冲砂、反冲砂、正反冲砂等3种；按照所用的不同管柱等，则可分为油管冲砂、联合冲砂、管柱冲砂、冲管冲砂、气化液冲砂5种。

### 1. 按冲砂液在井内的不同循环通路分

#### （1）正冲砂

正冲砂时，冲砂工作液从油管进入，沿冲砂管向下流动，在流出冲砂管口时以较高的流速冲散井底沉砂。冲散的砂子与冲砂工作液混合后，沿冲砂管与套管环形空间返至地面。

冲砂管可以是油管、钻杆，也可以是其他管子。通常冲砂管最下端带斜尖，这样可以防止下放太快而憋泵。斜尖也可用于刺松砂堵，便于冲砂。

正冲砂的优缺点如下：

①优点：冲砂管直径较小，冲刺力大，易于冲散砂堵。

②缺点：套管与冲砂管环形空间面积比较大（特别是大直径套管），使得冲洗液上返速度小，携砂能力弱，大颗粒砂子不易带出。

为了提高携砂能力，可以提高冲砂液的黏度或加大泵的排量。为了防止在接单根过程中砂子下沉而造成卡钻，在接单根前要进行较长时间的循环冲洗，并要求接单根速度尽可能快。能做冲砂液的液体有钻井液、原油或成品油、水、乳化液、气化液等，最常用的是清水、活性水和无机盐水。

#### （2）反冲砂

反冲砂时，冲砂液由套管和冲砂管的环形空间进入，冲起并携带泥砂沿冲砂管上返到地面。

反冲砂的优缺点如下：

①优点：冲砂管内径小，冲砂液上返速度快，携砂能力强，泥砂不易沉淀，所以消除了冲砂过程中卡钻的可能性。

②缺点：液体下行速度较低，冲刺力不大，且易堵塞冲砂管。

#### （3）正反冲砂

正反冲砂用正冲的方式冲散砂堵，使其呈悬浮状态。然后快速改为反冲，将泥砂带到地面，以此提高冲砂效率。正反冲砂时，必须在地面安装总机关，以使倒换冲砂流程方便、迅速。

### 2. 按所用的不同管柱分

#### （1）冲管冲砂

冲管冲砂是用小直径的管子下入油管内冲砂，以清除砂堵。其优点是操作轻便，不拆井口，不动油管，可以冲砂至井底。

#### （2）气化液冲砂

在一些地层压力低的井中，冲砂时往往由于液柱压力过大而产生漏失，严重时会无法进行循环。因此，常采用气化液冲砂（又称混气冲砂）。

气化液冲砂所用的气化液是用水泥车打出的油（或水）和压风机供给的气混合成的。气化液冲砂时，压风机与水泥车并联，要先开水泥车，后开压风机，使泵不受气体影响，保证上水正常。压风机出口与水泥车之间装单流凡尔，以防液体倒流。接单根前要先停压风机，继续开泵5～10 min，使液体充满冲砂管柱。液体的气化程度按需要调节。冲砂时，注意返出管线要用硬管线固定好，以防管线跳动而发生事故。

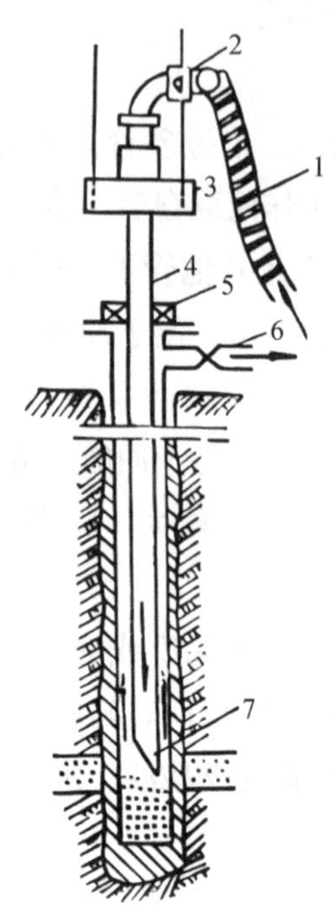

1—水龙带；2—活动弯头；3—吊卡；4—油管；5—封井器；6—套管出口；7—冲砂笔尖。

图1–1　冲砂示意图

## 三、冲砂操作

（1）将冲砂笔尖接在下井第一根油管底部，并用管钳上紧。下油管7～10根后，在井口装好自封封井器。

（2）继续下油管至砂面以上10～20 m时，缓慢加深油管探砂面，核实砂面深度。

（3）提油管一根，接好冲砂施工管线后，循环洗井，观察水泥车压力表及排量变化情况，正常后，缓慢加深管柱，同时用水泥车向井内泵入冲砂液。

（4）一根油管冲完后，为了防止在接单根时砂子下沉造成卡管柱，要循环洗井10 min以上，同时把由壬用管钳上在欲下井的油管单根上。水泥车停泵后，接好单根，开泵继续循环加深冲砂。冲砂施工按上述要求重复接单根冲砂，直到人工井底或设计要求冲砂深度。

（5）冲砂至人工井底或设计要求深度后，要充分循环洗井一周以上，当出口含砂量小于0.3%时，上起冲砂管柱，结束冲砂作业。

（6）严重漏失井冲砂作业多采用低密度泡沫修井液或气化水冲砂。泡沫液冲砂与一般冲砂操作相同。

## 四、冲砂技术要求

（1）气化水冲砂排量为500 L/min左右，压风机排量为8 $m^3$/min左右，冲至砂面时加压小于10 kN。

（2）禁止用带封隔器、通井规等大直径的管柱冲砂。

（3）冲砂施工必须在压住井的前提下进行。

（4）冲砂过程中要缓慢、均匀地加深管柱，以免造成砂堵或憋泵。

（5）冲砂施工需有沉砂池，进、出口罐分开，不得将冲出的砂又带入井内。

（6）需有专人观察出口返液情况，若发现出口不能正常返液，应停止冲砂施工，迅速上提管柱至原砂面以上30 m，并活动管柱。

（7）用混气水或泡沫冲砂施工时，井口应装高压封井器，出口必须接硬管线并用地锚固定牢。

（8）冲砂施工中途若作业机出故障，必须进行彻底循环洗井。若水泥车或压风机出现故障，应迅速上提管柱至原砂面以上30 m，并活动管柱。

（9）因管柱下放过快造成憋泵，应立即上提管柱，泵压正常后，可继续加深管柱冲砂。

（10）对冲砂地面罐和管线的要求同压井作业，尤其是气井应特别注意防火、防爆、防中毒。

## 五、冲砂质量标准

冲砂的质量标准是冲砂至井底循环洗井至含砂为0.3%以下，替入净液为井筒容积的1.2～1.5倍，停泵2 h以上探砂面，砂面上升不超过井深的0.2%。

## 六、冲砂注意事项

（1）不准带泵、封隔器等其他井下工具探砂面和冲砂。

（2）冲砂工具距油层上界20 m时，下放速度应小于0.3 m/min。

（3）冲砂前油管提至离砂面3m以上，开泵循环正常后，方可下放管柱。

（4）接单根前充分循环，操作速度要快，开泵循环正常后，方可再下放管柱。

（5）冲砂过程中，应注意中途不可停泵，避免沉砂将管柱卡住或堵塞。

（6）对于出砂严重的井，接单根前必须充分洗井，加深速度不应过快，防止堵卡或憋泵。

（7）连续冲砂5个单根后要洗井一周，防止井筒悬浮砂过多。

（8）循环系统发生故障，停泵时应将管柱上提至砂面以上，并反复活动。

（9）提升系统出现故障，必须保持正常循环。

（10）泵压力不得超过管线的安全压力，泵排量与出口排量保持平衡，防止井喷或漏失。

（11）水龙带必须拴保险绳。

## 【任务实施】虚拟仿真系统操作

1. 按【开始】按钮或【开始/结束】按钮，开始本次作业。

2. 探砂面：

（1）下放管柱探砂面。

（2）当发现指重表下降时，表示已探到砂面。

**操作提示**

探砂面加压不得超过50 kN。

3. 上提管柱，开泵：

（1）上提管柱至砂面高度2 m以上。

（2）开泵，并调整排量。

4. 冲砂：

（1）控制刹把，缓慢下放，开始冲砂，直到冲完。

（2）保持泵冲，循环携砂。

**操作提示**

在整个冲砂过程中，不得关泵。

5. 关泵，完成作业：

（1）关泵。

（2）按【结束】按钮或【开始/结束】按钮，结束本次作业。

# 单元3　铅模打印作业

## 【任务描述】

铅模打印是小修常规作业中的一项重要施工工序，用来探视和验证井下落鱼的鱼顶深度、状态和套管变化情况，为处理井下事故提供重要依据。

## 【相关知识】

### 一、铅模打印基础知识

铅模结构，如图1-2所示。

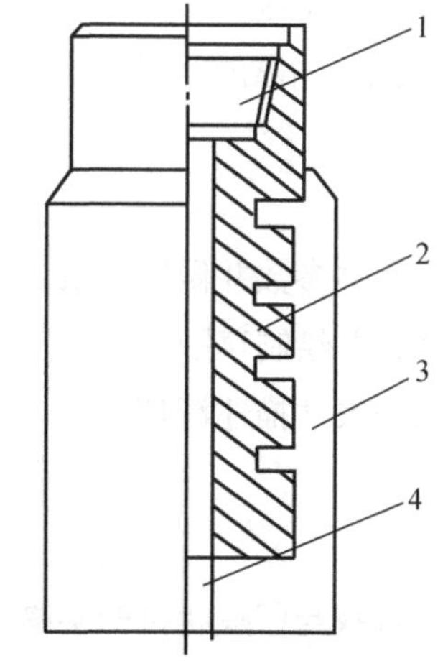


1—上接头；2—钢芯；3—铅体；4—水眼。

图1-2　铅模结构

铅模打印工作原理是利用铅的塑变性与落鱼或套管接触所留下的印痕，通过分析印痕，判断出鱼顶的位置、形状、状态、套管变形等初步情况，作为定性的依据，提供施工作业参考。

### 二、铅模打印操作

（一）硬打印

1. 铅模下井

（1）铅模下井前进行实物照相并绘制简单草图。

（2）将铅模连接在下井的第一根油管底部，上紧螺纹后卸掉包装物。

（3）下第一根油管（或钻杆）时扶正管柱，缓慢下放，使铅模顺利通过井口进入井内。

（4）下放速度不宜过快，应控制在5 m/min内。

2. 打印操作

（1）铅模下至鱼顶以上5 m左右时，启动现场泵车，正循环开泵大排量冲洗，排量不小于500 L/min，边冲洗边慢下油管，下放速度不超过2 m/min。

（2）当铅模下至距鱼顶0.5 m时，停止下放，以不小于500 L/min大排量冲洗鱼顶15 min以上后停泵，下放油管到达鱼顶遇阻后加压打印，一般加压20～30 kN，特殊情况可适当增减，但增加钻压不能超过50 kN，只能一次打印，不能重复打印。

（3）上提管柱，起出全部油管，卸下铅模，清洗干净，核实打印深度，关好井口。

（二）软打印

（1）将铅模与符合设计要求的钢丝绳连接牢固。

（2）配备传感计深轮和传感张力轮，控制下放速度，让钢丝绳保持一定的张力。

（3）当铅模下放至鱼顶以上10m左右时，应快速下放，以便打出清晰印痕，一次打印。

（4）匀速上提，防止突然遇阻拉断钢丝绳。

（5）起出铅模后，清洗干净，用文字、拓图或照片、绘图把铅模印痕特征、尺寸描述清楚。

（三）印痕录取

（1）起出铅模后，先清洗干净。

（2）用游标卡尺等测量工具测出印痕参数并做好记录。

（3）用文字描述印痕特征、尺寸，并绘制草图。

（4）拓图或照相把铅模印痕特征、尺寸描述清楚。

（5）描述印痕情况并存档。

（四）分析判断

（1）通过印痕的测量数据，对比查找与印痕相符的实物，得出结论。

（2）作图、模拟再现井下情况，得出结论。

（3）凭借工作经验对印痕直接做出判断，得出结论。

（4）常见铅模印痕描述、分析判断及处理方法见表1–1。

**表1–1　常见铅模印痕描述**

| 类别 | | 印痕图形 | 简单描述 | 故障判断 | 处理方法 |
|---|---|---|---|---|---|
| 落物 | 杆类 | | 落物打印在铅模正中清晰 | 鱼顶清楚，落鱼直立正中 | 下母锥或卡瓦打捞筒 |
| | | | 铅模边缘有斜印痕 | 落鱼斜倒 | 应下带引鞋或扶正打捞工具 |

续表

| 类别 | | 印痕图形 | 简单描述 | 故障判断 | 处理方法 |
|---|---|---|---|---|---|
| 落物 | 杆类 | | 铅模平面有一横倒半圆长条痕 | 落鱼倒放 | 下带拔钩或引鞋工具 |
| | 管类 | | 单圈印痕打在正中间 | 说明落物是管类，公扣鱼头，直立于中间 | 同打捞杆类 |
| | | | 印痕单圈并有缺口打在旁边 | 落物鱼头是公扣，偏斜并破坏 | 同打捞杆类<br>注意保护鱼头 |
| | | | 印痕单圈打在旁边 | 鱼头公扣，斜立于井中 | 下引鞋和扶正的打捞工具 |
| | | | 双圈印痕打在正中 | 管类母扣，鱼头直立 | 用捞矛或卡瓦捞筒打捞 |
| | | | 双圈打偏在铅磨底 | 管类母扣、鱼头歪斜 | 用带公扣或引鞋的打捞工具 |
| | 绳类 | | 铅模底有绳痕 | 钢丝绳落在井底 | 用打捞绳类工具 |
| | | | 铅模侧面有绳痕 | 钢丝绳落在套管侧面 | |
| | | | 铅模底有绳痕 | 钢丝绳落在井底 | |
| | | | 几段直杆圆形痕在铅模底部 | 电缆 | |
| | 小件 | | 铅模角有半圆洞痕 | 钢球 | 用打捞小件落物工具 |

续表

| 类别 | | 印痕图形 | 简单描述 | 故障判断 | 处理方法 |
| --- | --- | --- | --- | --- | --- |
| 落物 | 小件 | | 铅模底部有清晰的扳手印痕 | 扳手 | 用打捞小件落物工具 |
| | | | 铅模底部有清晰的三个牙块痕 | 三个牙块在正中 | |
| 套管 | 破裂 | | 铅模侧面有两道刀切条痕 | 套管裂缝所划破 | 进行套管补贴或取、换套 |
| | | | 铅模侧面有两道宽缝裂痕 | 套管裂口所划破 | |
| | 变形 | | 铅模一边缘偏陷 | 套管单向变形 | 采用胀管器或爆炸整形 |
| | | | 铅模两缘偏陷 | 双向或多向变形 | |
| | | | | | |
| 其他 | | | 铅模底部只有砂粒痕迹 | 说明接触到砂面，落物已被砂埋 | 冲砂、套铣或带水眼工具打捞 |

## 【任务实施】虚拟仿真系统操作

1. 确定本次打捞作业的类型。

2. 按【开始】按钮或【开始/结束】按钮，开始本次作业。

3. 开泵，冲洗鱼顶：

（1）开泵，调整排量大于1 L/s，小于10 L/s，冲洗鱼顶。

（2）在冲洗鱼顶的过程中，缓慢下放铅模到鱼顶上方3～5 m，停留片刻，持续冲洗一段时间，继续下放缓慢接近鱼顶。

4. 加压，打印：

（1）关泵，结束冲洗。

（2）缓慢下放铅模，接触鱼顶，加压打印，加压不得超过80 kN。

**操作提示**

- 打印加压不得低于10 kN，否则打印不清晰。
- 在距离鱼顶2 m以上冲洗鱼顶，否则打印不清晰。
- 打印加压不得超过80 kN，否则会导致铅模破裂。
- 打印一次后，上提结束作业；不可二次加压，否则会导致打印失败。

5. 上提，结束作业：

（1）上提管柱至大钩高度大于10 m以上。

（2）按【查看铅模打印结果】按钮，显示打印结果。

（3）按【结束】按钮或【开始/结束】按钮，结束本次作业。

# 单元4　偏心辊子整形打捞

## 【任务描述】

套管整形工具可以对油、气、水井轻度变形的套管进行整形修复，恢复原套管的通径，满足井下作业的需要。机械式整形工具主要有梨形胀管器、长锥面胀管器、三锥辊套整形器、旋转震击式整形器、偏心辊子整形器等。偏心辊子整形器可以对轻度变形的套管进行整形修复，最大可恢复到原套管内径的98%。

## 【相关知识】

### 一、套管整形工具的用途

套管整形工具可以对油、气、水井轻度变形的套管进行整形修复，最大可以修复到原套管内径的98%。

### 二、套管整形工具的结构

偏心辊子整形器由偏心轴、上辊、中辊、下辊、锥辊、丝堵以及钢球等件组成，如图1-3所示。

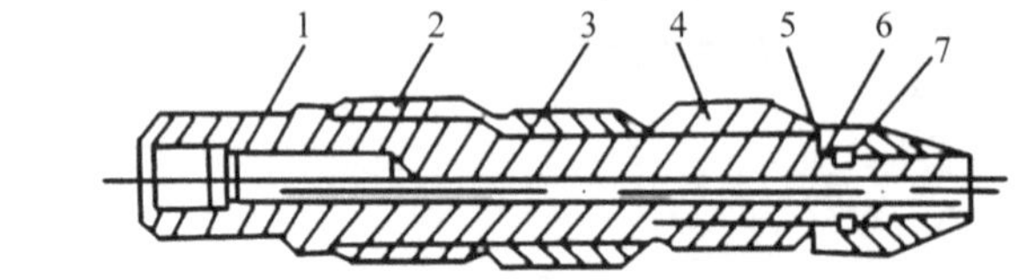


1—偏心轴；2—上辊；3—中辊；4—下辊；5—锥辊；6—丝堵；7—钢球。

图1-3　偏心棍子整形器

1. 偏心轴：上端有与钻柱连接的母螺纹，下端分为4阶不同尺寸、不同轴线的台阶。其中，上接头、上辊、下辊为同一轴线；中辊与锥辊为另一轴线，两条轴线的偏心距为$e$。

2. 辊子：共分为上辊、中辊、下辊和锥辊4件，其中上、中、下三辊为对套管整形的挤胀零件。锥辊除去引鞋作用外，在辊子内孔加工有半球面形槽与芯轴相配合，装入相应的滚球，旋转时起上、中、下三辊的限位作用，同时锥辊也参与初始整形工作。

### 三、工作原理

当钻柱沿自身轴线旋转时，上、下辊绕自身轴线作旋转运动，而中辊轴线与上、下辊轴线有一偏心距$e$，必然绕钻具中心线以$D_{中}/2+e$为半径作圆周运动，这样就形成一组曲轴凸轮机构（图1–4），即以上、下辊为支点，中辊以旋转挤压的结构对变形部位套管整形。

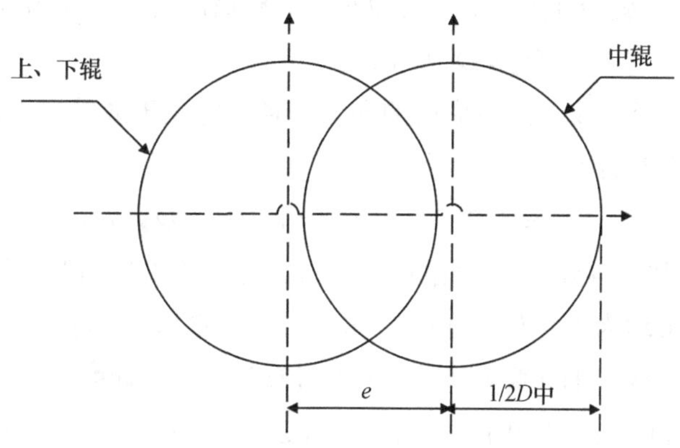


图1–4　偏心辊子整形器工作原理

除此之外，当工具在变形较复杂的井段内工作时，由于变形量的不同，上、下辊与中辊又可互为支点，但各支点的阻力各不相同，因此具有偏心距e的偏心轴旋转时，在变形量小、阻力小的支点处，棍子边滚动边外挤；在变形量大、阻力大的支点处，偏心轴与辊子间产生滑动摩擦运动，并对变形部位向外挤胀。

$\phi$139.7 mm偏心辊子整形器技术规范见表1–2。

**表1–2　$\phi$139.7 mm偏心辊子整形器技术规范**

| 上辊/mm | 中辊/mm | 下辊/mm | 最大直径/mm | 整形量/mm | 整形范围/mm | 备注 |
|---|---|---|---|---|---|---|
| 105 | 104 | 105 | 110.5 | 5.5 | 105～110.5 | 偏心距：6 mm<br>整形范围：<br>105～125 mm |
| | 107 | | 112 | 7 | 105～112 | |
| | 110 | | 113.5 | 8.5 | 105～113.5 | |
| | 113 | | 115 | 10 | 105～115 | |
| | 116 | | 116.5 | 11.5 | 105～106.5 | |
| | 119 | | 118 | 13 | 105～118 | |
| 110 | 104 | 110 | 113 | 3 | 110～113 | |
| | 107 | | 114.5 | 4.5 | 110～114.5 | |
| | 110 | | 116 | 6 | 110～116 | |
| | 113 | | 117.5 | 7.5 | 110～117.5 | |
| | 116 | | 119 | 9 | 110～119 | |
| | 119 | | 120.5 | 10.5 | 110～120.5 | |

## 四、整形量计算

偏心辊子整形器在设计中，上、下辊尺寸选择均采用同一最大外径，因此选配辊子时，只要改变中辊尺寸，就能得到不同的整形尺寸。

由图1–4知，当工具旋转通过之后，可以得到修整后的套管直径为$D_{套}$，计算方式如下：

$$D_{套}=D_{上}/2+D_{中}/2+e. \tag{式1–1}$$

套管未整形前的通径（或上次整形后的最大通径）应大于或等于下辊外径，故一次整形量$\varepsilon$为$D_{套}$与上辊半径之差为

$$\varepsilon=（D_{上}+D_{中}）/2+e-D_{上}=D_{套}-D_{上}. \tag{式1–2}$$

由式（1–2）知，如三辊外径尺寸相同时，$\varepsilon=e$，此时该工具的偏心值为该工具的整形量。

以上计算所得结果均为理想值。实际工作中，一次整形量$\varepsilon$同轴与辊子之间的间隙、辊子外径的磨损、套管材料本身的弹性恢复值等因素有关，故实际的整形量应按下式计算：

$$\varepsilon_{实}=（D_{上}+D_{中}）/2+e-D_{下}-（s+\lambda+\delta）=\varepsilon-（s+\lambda+\delta）。 \tag{式1–3}$$

式中，$\varepsilon_{实}$——实际整形量；

$s$——辊子与轴最大间隙；

$\lambda$——辊子磨损值；

$\delta$——套管弹性恢复值。

式（1–3）中几个影响整形量的因素中，前两者可以从测量中得知，$\delta$值受到的制约、影响因素较多，难以计算。从地面试验与井下试验资料证实，三者之和为1～1.5 mm，因而在整形之后选用通井规通井时，应充分考虑这一影响因素。

## 五、辊子尺寸的选择

1. 上、下辊尺寸选择原则

偏心辊子整形器上、下辊外径尺寸应相同，同时外径必须小于或等于套管损坏部位的最小通径，否则下辊外径大于变形处的最小通径，则下辊将在该处遇阻。钻具转动之后，下辊遇卡不动，偏心轴与下辊相对滑动。上辊与中辊在完好的大井筒内自由空转，无整形的受力支点，因而不能工作。

2. 中辊尺寸的选择

上、下辊尺寸确定后，根据变形套管的最小通径与确定的整形量来选用中辊尺寸，按下式计算：

$$\varepsilon=（D_{上}+D_{中}）/2+e-D_{下}。 \tag{式1–4}$$

式中，$\varepsilon$、$D_{上}$、$D_{下}$、$e$均为已知数据，由此可解得$D_{中}$的值。其整形后的缩小值在通井时再进行考虑。

## 六、整形次数的确定

偏心辊子整形器，只适用于修正套管变形量较小的井。若变形量较大时，由于受钻具强度和地面动力限制，整形后的通径将达不到要求，对变形较小的井也不能一次修整完成，而应分多次修整。根据地面试验与井下实践所取得的动力消耗资料，二次整形时所确定的整形

量，应比第一次整形量下降50%左右，第三次又应比第二次下降50%左右较为合适。因而当测出变形套管的最小通径后，可根据需要的整形量考虑整形次数，确定各次的整形量，以选用辊子组合尺寸。

### 七、操作方法

（1）用卡尺检查各辊子尺寸是否符合设计要求，各辊子孔径与轴的间隙不得大于0.5 mm。

（2）安装后用手转动各辊子，检查其是否灵活，上下活动辊子，其窜动量不得大于1 mm。

（3）检查滚珠安装口丝堵是否上紧。上紧后锥辊应灵活转动，不能有任何卡阻现象。

（4）将工具各部涂润滑脂，接上钻柱（偏心辊子整形器+钻铤+开式下击器+钻杆），下入井中。

（5）下偏心辊子整形器至变形位置以上1～2 m处，开泵循环，记录钻具悬重，待洗井正常后启动转盘空转钻柱，转速不超过20 r/min。

（6）慢放钻柱，使辊子逐渐进入变形井段，转盘扭矩增大后，缓慢进尺，直至通过变形井段。

（7）上提钻柱，用较高的转速反复进行划眼，直至上下能比较顺利地通过为止。

## 【任务实施】虚拟仿真系统操作

1. 按【开始】按钮或【开始/结束】按钮，开始本次作业，下放至能够开转盘。

2. 开泵，开钻盘：

（1）开泵。

（2）开转盘，控制转盘转速在20 r/min以下。

**操作提示**

转盘开启须补芯在井口之后（大钩高度11.6 m以下）。

3. 对变形井段进行整形：缓慢下放管柱，对变形井段进行整形。

**操作提示**

- 在整形过程中，可以发现悬重、钻压波动，当悬重、钻压不变时，表示通过了整形段。
- 在整形过程中，不要关泵。
- 在整形过程中，不要改变转盘转速。

4. 高速划眼：

（1）关钻盘，上提到整形段以上，调整转盘转速大于80 r/min。

（2）下放，对整形段进行高速划眼。

**操作提示**

系统设计执行操作4需3次以上。

5. 关泵，关转盘，按【结束】按钮或【开始/结束】按钮，结束本次作业。

# 单元5　可退式捞矛作业

## 【任务描述】

可退式捞矛是在鱼腔内孔中进行打捞的工具，既可抓捞自由状态下的管柱，也可抓捞遇卡管柱。可退式捞矛可与其他工具配合使用。

## 【相关知识】

### 一、工具特点

（1）结构简单、灵活可靠，操作简便。

（2）作业成功率高，不易损坏鱼顶。

（3）由于圆卡瓦与落鱼接触面积大，因而抗拉负荷高，抗冲击负荷大。

（4）可循环冲洗鱼顶。

（5）抓住落物后，可根据需要容易地退出落物。

### 二、工具结构

可退式捞矛由上接头及芯轴、圆卡瓦、释放圆环和引鞋组成，如图1-5所示。芯轴的中心有水眼，可冲洗鱼顶和进行泥浆循环。上部是钻杆扣（或油管扣），与工具或管柱相连。中部是锯齿形大螺距外螺纹。下部用细牙螺纹同引鞋相连。圆卡瓦的内表面有与芯轴相配合的锯齿形内螺纹。圆卡瓦外表面有多头的打捞螺纹。打捞螺纹和锯齿形螺纹的旋向与接头螺纹的旋向相反，以实现打捞。圆卡瓦的360°圆周上均布有四条纵向槽（其中有一条是通槽），使其成为可张缩的弹性体。释放环套在芯轴上，下接引鞋。释放环与引鞋接触面间有3对相互吻合的凸缘。工具组装后圆卡瓦内螺纹与芯轴外螺纹有一定的径向间隙，使其沿轴向有一定的自由窜动量。

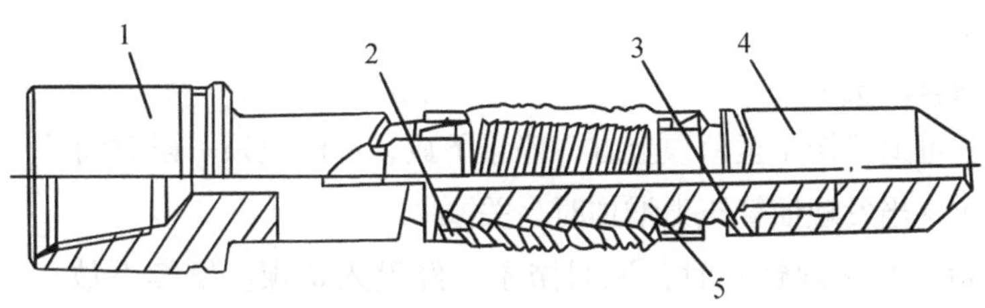


1—上接头；2—圆卡瓦；3—释放圆环；4—引鞋；5—芯轴。

图1-5　可退式捞矛结构图

### 三、工作原理

打捞的工作原理：自由状态下圆卡瓦外径略大于落物内径。当工具进入鱼腔时，圆卡瓦被压缩，产生一定的外胀力，使圆卡瓦贴紧落物内壁。随芯轴上行和上提拉力的逐渐增加，芯轴、圆卡瓦上的锯齿形螺纹互相吻合，圆卡瓦产生径向力，使其咬住落鱼实现打捞。

退出的工作原理：一旦落鱼卡死，无法捞出，需要退出捞矛时，只要给芯轴一定的下击力，就能使圆卡瓦与芯轴的内外锯齿形螺纹脱开，再正转钻具2～3圈，圆卡瓦与芯轴产生相对位移，促使圆卡瓦沿芯轴锯齿形螺纹向下运动，直至圆卡瓦与释放环上端面接触为止，上提钻具，即可退出落鱼。

### 四、操作方法

（1）根据落鱼内径，选择相应的可退式捞矛。

（2）检查工具圆卡瓦活动情况。

（3）根据井况连接下井管柱。一般可按“打捞矛+下击器+钻具”的顺序连接。若井况不明，对可能出现捞后卡钻的，可按“打捞矛+下击器+上击器+钻铤+钻具”的顺序连接。

（4）接好钻具下钻，下至鱼顶以上2m左右，开泵循环并缓慢下放钻具探至鱼顶，探准鱼顶后，校正触鱼顶方入和打捞方入，上提打捞管柱并记录悬重。

（5）记录完后下放管柱。当捞矛进入鱼腔，悬重有下降显示时，反转钻具2～3圈，芯轴对圆卡瓦产生径向推力，迫使芯轴上行，使圆卡瓦卡住落鱼而捞获，上提管柱指重表悬重增加时，即可起出管柱。

（6）如落鱼卡死，解卡无效时，可用钻具（或下击器）下击芯轴，并正转钻具2～3圈后再上提钻具，即可将工具退出。

## 【任务实施】虚拟仿真系统操作

1. 确定本次打捞作业的类型。
2. 按【开始】按钮或【开始/结束】按钮，开始本次作业。
3. 下放、上提，测悬重。
4. 打捞落鱼：

（1）开泵，准备冲洗鱼顶。

（2）缓慢下放可退式捞矛至鱼顶上方，停止下放，冲洗鱼顶一段时间。

（3）下放捞矛，当发现油管压力增加时，关泵。

（4）继续下放，当出现钻压时，说明捞矛已经没入鱼顶。继续下放，为捞矛加压捞获落于。

（5）开转盘，反转，播放落鱼捞获动画。关转盘。

（6）上提管柱，当发现指重表悬重大幅度增加时，证明捞获落鱼。

**操作提示**

- 下放捞矛至落鱼内的过程中，必须上提测悬重。
- 当可退式捞矛没入鱼顶出现钻压时，加压不超过悬重50%。
- 当发现油管压力增加后，必须关泵。
- 捞获落鱼后，在上提过程中，可能出现遇阻或未遇阻两种情况。若遇阻，则执行步骤5；若未遇阻，则执行步骤6。

5. 上提管柱未遇阻：

（1）在上提过程中，发现指重表波动小，上下活动4次以上。

（2）当指重表稳定以后，按【结束】按钮或【开始/结束】按钮，结束本次作业。

6. 上提管柱遇阻：

（1）上提管柱，指重表波动幅度较大；继续上提，指重表悬重继续增大，则表明管柱遇阻。

（2）下放管柱到底，刹死。

（3）开转盘正转，播放落鱼退鱼动画。

（4）关转盘，上提捞矛出落鱼，按【结束】按钮或【开始/结束】按钮，结束本次作业。

**操作提示**

管柱遇阻后，下放管柱到井底，需将所有落鱼重量卸掉后，再进行下一步操作。

# 单元6 滑块捞矛作业

## 【任务描述】

滑块捞矛用于打捞钻杆、油管、套铣管、衬管、封隔器、配水器、配产器等具有内孔的落物，也可对遇卡落物进行倒扣作业，或配合震击器、倒扣器、套铣筒等其他工具使用。

## 【相关知识】

### 一、工具结构

滑块捞矛由上接头、矛杆、卡瓦、锁块、螺钉等构成，其有单滑块、双滑块、多滑块之分。矛杆有的带水眼，有的不带水眼。单滑块捞矛矛杆上是单一斜面，双滑块捞矛斜面相互对称，上下相互错开，如图1-6所示。也有的根据需要，加工成双面对称、斜面较短、斜度较小的特殊矛杆。

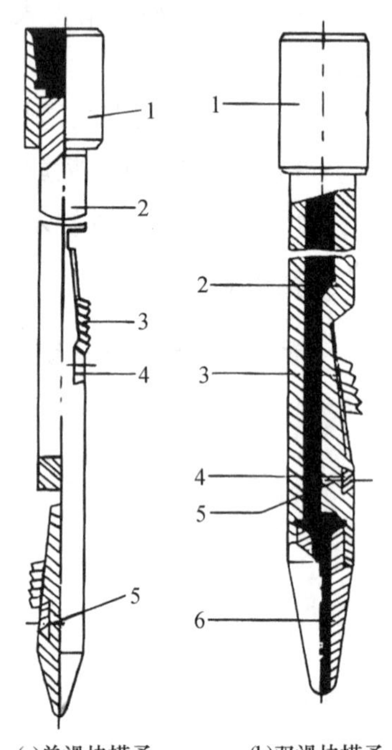

1—上接头；2—矛杆；3—卡瓦；4—锁块；5—螺钉；6—引锥。

图1-6 滑块捞矛结构图

### 二、工作原理

当矛杆卡瓦进入鱼腔后，卡瓦依靠自重向下滑动，卡瓦与斜面产生相对位移，卡瓦齿面与矛杆中心线距离增加，使其打捞尺寸逐渐增加，直至与鱼腔内壁接触为止。上提矛杆时，斜面向上活动，所产生的径向分力，迫使卡瓦咬入落物内壁，抓住落物。

### 三、操作流程

（1）检查。地面检查确认矛杆尺寸与落鱼内径是否匹配，是否有合格证，卡瓦能否自由下滑，卡瓦相对落鱼的打捞位置应距锁块5 mm以上。在卡瓦滑道上涂润滑油，用手来回滑动，使其能够灵活运动。

（2）连接工具。将捞矛与第一根油管连接，若捞矛接头为钻杆扣，应加转换接头。连接前丝扣端涂匀密封脂，保证丝扣上紧（不带水眼的滑块捞矛必须接泄水接头）。

（3）下钻。下钻限速为0.3 ～ 0.4 m/s，射孔段则小于0.2 m/s。

（4）打捞。下钻至鱼顶以上2 m，记录悬重及方入加压20 kN，探鱼头深度，继续加压至

30 ～ 40 kN，缓慢上提管柱观察悬重变化，悬重增加说明捞获落物，继续上提无卡阻，起钻。

（5）起钻。严格限速（0.3 ～ 0.4 m/s），起至井口时平稳操作，防止碰挂。

（6）退出工具。落物起出后，地面退出方法是：下击工具，使卡瓦与管壁脱离后，缓慢取出捞矛。若管柱变形严重，卡瓦无法脱离管壁，则使用气焊剖开落物，退出工具。

## 【任务实施】虚拟仿真系统操作

1. 按【开始】按钮或【开始/结束】按钮，开始本次作业。

2. 先下放再上提测悬重。

3. 打捞落鱼：

（1）开泵，准备冲洗鱼顶。

（2）缓慢下放捞矛至鱼顶上方，停止下放，冲洗鱼顶一段时间。

（3）下放捞矛，当发现油管压力增加时，关泵。

（4）继续下放，如果出现钻压，证明鱼顶已经接触滑块捞矛顶部。继续下放，至滑块全部落入落鱼中。

（5）上提滑块捞矛，捞获落鱼。

**操作提示**

- 在下放滑块捞矛至落鱼内的过程中，必须上提测悬重。
- 当滑块捞矛没入鱼顶出现钻压时，控制钻压小于40 kN。
- 当发现立管压力增加后，必须关泵。

4. 上提、下放活动管柱3次以上，当发现指重表稳定以后，按【结束】按钮或【开始/结束】按钮，结束本次作业。

# 单元7 测卡点作业

## 【任务描述】

卡钻是指油水井在生产或作业过程中，由于操作不当或某种原因造成的井下管柱或井下工具在井下被卡住，按正常方式不能上提的一种井下事故。卡钻事故会使油水井的生产不能正常进行，严重时还会导致油水井报废，给油田的生产和经济效益造成重大损失。因而，如何预防和及时妥善处理卡钻事故，对维护油田生产、提高作业水平至关重要。

## 【相关知识】

### 一、测卡点的目的

（1）可以确定大修施工中管柱倒扣时的悬重，即确定管柱的中和点（中和点即在管柱受拉与受压位置间，既不受拉也不受压的一点）。施工中能准确地从卡点处倒开，减少打捞次数。

（2）可以确定管柱切割的准确位置，能保证切割时在卡点上部1～2 m处切断。

（3）判断套管损坏的准确位置，有利于对套管损坏部位的修复。

（4）判断管柱被卡类型，有利于事故的处理。

### 二、测卡点的方法

测卡点的常用方法有：

（1）计算法。计算法需与现场施工结合，经一定的提拉载荷后，测得被卡管柱在某一提拉负荷下的伸长量，然后再按公式进行计算。

（2）测卡仪测卡法。测卡仪测卡法是近几年发展起来的新测卡技术，它提高了打捞解卡的成功率，缩短了施工时间，测得的卡点直观准确。这种方法主要配合切割方法处理被卡管柱，目前不常用。

### 三、操作流程（计算法测卡点）

（1）检查井架、绷绳、地锚、游动系统等部位是否完好，指重表是否灵敏好用。

（2）上提管柱比井内管柱悬重稍大时停止上提，记录第一次上提拉力，记为$P1$。

（3）在与防喷器法兰上平面平齐的位置做第一个记号，作为$A$点。

（4）继续上提管柱，超过第一次上提拉力50 kN时停止上提，记录第二次上提拉力，记为$P2$。

（5）在与防喷器法兰上平面平齐的位置做第二个记号，作为$B$点。

（6）用钢板尺测量$A$点与$B$点之间的距离，记为$\lambda 1$。

（7）继续上提管柱，超过第二次上提拉力50 kN时停止上提，记录第三次上提拉力，记为$P3$。

（8）在与防喷器法兰上平面平齐的位置做第三个记号，作为$C$点。

（9）用钢板尺测量$A$点与$C$点之间的距离，记为$\lambda 2$。

（10）继续上提管柱，超过第三次上提拉力50 kN时停止上提，记录第四次上提拉力，记为$P4$。

（11）在与防喷器法兰上平面平齐的位置做第四个记号，作为$D$点。

（12）用钢板尺测量$A$点与$D$点之间的距离，记为$\lambda 3$。

（13）下放管柱，卸掉提升系统负荷。

（14）计算三次提拉力及平均拉力的公式如下（单位为kN）：

$$第一次拉力\ Pa=P2-P1; \tag{式1-5}$$

$$第二次拉力\ Pb=P3-P2; \tag{式1-6}$$

$$第三次拉力\ Pc=P4-P3; \tag{式1-7}$$

$$平均拉力\ P=(Pa+Pb+Pc)/3。 \tag{式1-8}$$

（15）计算三次上提拉伸平均伸长量的公式为（单位为cm）：

$$\lambda=(\lambda 1+\lambda 1+\lambda 3)/3。 \tag{式1-9}$$

（16）根据第14和15条中的公式计算卡点位置。

## 【任务实施】虚拟仿真系统操作

1. 按【开始】按钮或【开始/结束】按钮，开始本次作业。
2. 缓慢上提油管至卡点位置。
3. 第一次上提管柱：

（1）上提管柱至悬重稍微增大一点。

（2）刹死刹把，按【标记划线】按钮在油管上打上第一个记号。

**操作提示**

- 第一次上提时，悬重增加不得超过10 kN。
- 在屏幕上会提示第一次提升拉力，请记录。
- 请记录下此时的大钩位置。

4. 第二次上提管柱：

（1）上提管柱至适当位置。

（2）刹死刹把，按【标记划线】按钮在油管上打上第二个记号。

**操作提示**

- 第二次上提时，悬重增加不得超过80 kN，不得小于40 kN。
- 在屏幕上会提示第二次提升拉力，请记录。
- 请记录下此时的大钩位置。

5. 第三次上提管柱：

（1）上提管柱至适当位置。

（2）刹死刹把，按【标记划线】按钮在油管上打上第三个记号。

**操作提示**

- 第三次上提时，悬重增加不得超过30 kN，不得小于20 kN。
- 在屏幕上会提示第三次提升拉力，请记录。
- 请记录下此时的大钩位置。

6. 第四次上提管柱：

（1）上提管柱至适当位置。

（2）刹死刹把，按【标记划线】按钮在油管上打上第四个记号。

**操作提示**

- 第四次上提时，悬重增加不得超过30 kN，不得小于20 kN。
- 在屏幕上会提示第四次提升拉力，请记录。
- 请记录下此时的大钩位置。

7. 计算卡点：

（1）通过上述数据，可以计算出卡点。

（2）按【计算卡点】按钮在屏幕上显示计算结果。

8. 至此，完成测卡点操作，按【结束】按钮或【开始/结束】按钮结束本次作业。

# 单元8　套管刮削作业

## 【任务描述】

套管刮削是下入带有套管刮削器的管柱，刮削套管内壁，清除套管内壁上的水泥、硬蜡、盐垢及炮眼毛刺等杂物的作业。套管刮削的目的是使套管内壁光滑畅通，为顺利下入其他下井工具清除障碍。

## 【相关知识】

### 一、套管刮削器的结构

套管刮削器可分为弹簧式套管刮削器和胶筒式套管刮削器两类。弹簧式套管刮削器也叫防脱式套管刮削器。

弹簧式套管刮削器主要由壳体、刀板、刀板座、固定块、螺旋弹簧、内六角螺钉等部件组成，如图1-7所示。

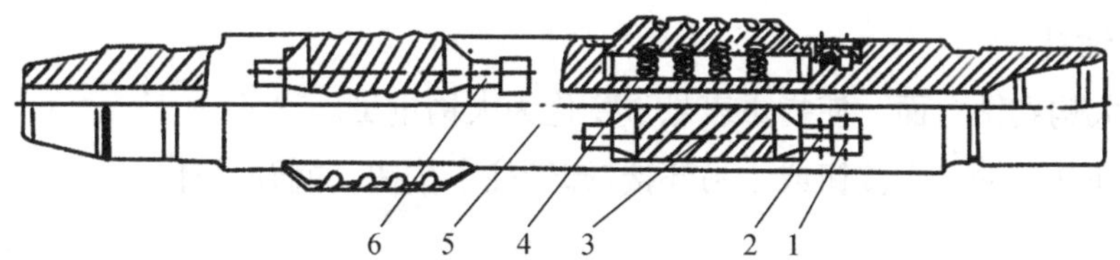


1—固定块；2—内六角螺钉；3—刀板；4—螺旋弹簧；5—壳体；6—刀板座。

图1-7　弹簧式套管刮削器结构图

### 二、套管刮削器的工作原理

套管刮削器装配后，刀片、刀板自由伸出外径时，比所刮削套管内径大2～5 mm。下井时，刀片向内收拢压缩胶筒或弹簧，最大外径则小于套管内径，可以顺利入井。入井后，在胶筒或弹簧的弹力作用下，刀片、刀板紧贴套管内壁下行，对套管内壁进行切削。每一次往复动作，都对套管内壁切刮一次。这样往复数次，即可达到刮削套管的目的。

### 三、操作流程

（一）准备

（1）准备井史资料，查清过往施工情况。

（2）根据套管内径，准备相应的套管刮削器。

（3）按施工设计组配管柱。管柱的结构自上而下依次为油管（或钻杆）和刮削器。

（二）操作

（1）下入管柱要平稳，要控制下入速度为20～30 m/min，下到距设计要求刮削井段以上50 m时，下放管柱的速度控制在5～10 m/min。在设计刮削井段以上2 m开泵循环，循环正常后，一边顺管柱螺纹旋转方向转动管柱，一边缓慢下放管柱，然后再上提管柱反复多次刮削，直到管柱下放时悬重正常为止。

（2）如果管柱遇阻，不要顿击硬下，当管柱悬重下降20～30 kN时应停止下管柱。开泵循环，然后顺管柱螺纹旋转方向转动管柱缓慢下放，反复活动管柱到悬重正常再继续下管柱。

（3）管柱下到设计刮削深度后，打入井筒容积1.2～1.5倍的热水彻底清除井筒杂物。

## 【任务实施】虚拟仿真系统操作

1. 按【开始】按钮或【开始/结束】按钮，开始本次作业。

2. 刮管：先下放到刮削井段，上下活动管柱，对设计井段进行刮削。

**操作提示**

- 每次刮管的范围必须是整个设计井段，刮管次数需大于3次。
- 刮管至指重表不波动后，刮削结束，系统语音提示“刮管完成”。

3. 卸井口钻具：

（1）下放大钩到钻台面，使指重表悬重变化为大钩重量。

（2）按【卸井口钻具】按钮或【吊环接/卸管柱】按钮，摘开吊环。

4. 接立柱：

（1）按【大钩挂空吊卡】按钮或【吊环接/卸空吊卡】按钮，挂上空吊卡。

（2）上提空吊卡离开井口。

（3）当大钩高度到达二层平台（18.5～19 m）时，停车。

（4）按【接油管（挂）】按钮或【接/卸油管（单根）】按钮，并将管柱送回井口与管柱对扣。

（5）下放管柱，上扣。

5. 移开卡瓦：

（1）上提管柱，指重表所指悬重变化为整个管柱重量。

（2）使气动卡瓦处于松开状态，移开井口吊卡。

6. 下放立柱：

（1）下放管柱到井口。

（2）松开刹把，指重表所指悬重变化为大钩重量。

（3）按【卸井口钻具】按钮或【吊环接卸/管柱】按钮，摘开吊卡。

7. 重复步骤4和5，接第二根立柱下放。

8. 管柱探井底：

（1）缓慢下放管柱，若发现钻压波动，则可能是管柱接触井底。

（2）上提管柱1 m以上。

（3）再次下放管柱，若发现钻压波动，则确认管柱已经接触到井底。

9. 坐卡瓦：

（1）上提管柱至大钩高度（19.3 ～ 20.05 m）。

（2）使气动卡瓦处于卡紧状态，上井口吊卡。

（3）松开刹把，指重表所指悬重变化为大钩重量。

10. 卸扣。

11. 管柱进油管盒：上提管柱至合适位置（大钩高度19.3 ～ 20.05 m），执行油管进油管盒动作。

12. 接方钻杆。

13. 移开井口卡瓦：

（1）改变立管管汇为循环状态。

（2）上提管柱，指重表所指悬重变化为整个管柱重量。

（3）使气动卡瓦处于松开状态，移开井口吊卡。

14. 探井底：

（1）缓慢下放管柱，若发现钻压波动，则可能是管柱接触井底，按【标记划线】按钮标记划线。

（2）上提管柱1 m以上。

（3）再次下放管柱，若发现钻压波动，则管柱接触井底，需探井底3次以上。

15. 循环泥浆，冲洗：

（1）上提管柱离开井底1 m以上。

（2）开泵，控制排量在5 L/s以内，开始循环泥浆，并在开泵位置上提下放活动一次（活动距离0.5 m以上）。

（3）观察泥浆循环是否正常，正常后，系统提示“用大排量循环”；此时增大泵排量至5 L/s以上，并在开泵位置上提下放活动3次（活动距离0.5 m以上）。

（4）在泥浆循环一周半后，系统提示“循环结束”。

**操作提示**

- 在整个循环过程中，不得关泵。
- 系统提示循环携砂后，应停止移动大钩一段时间，等待泥砂冲出井内（实际井场15 min左右，这里虚拟设计30 s，并有循环结束提示音）。

16. 关泵，探井底3次以上。

17. 结束：关泵。按【结束】按钮或【开始/结束】按钮，结束本次作业。

# 单元9 油管传输射孔作业

## 【任务描述】

油管传输射孔是指采用特殊聚能器材进入井眼预定层位进行爆炸开孔，让井下地层内流体进入孔眼的作业活动。射孔普遍应用于油气田和煤田，有时也应用于水源的开采。

油管传输射孔（简称TCP）基本原理是把每一口井所要射开的油气层的射孔器全部串连在一起，联接在油管柱的尾端，形成一个硬连接的管串下入井中。通过在油管内测量放射性曲线或磁定位曲线，校深并对准射孔层位，采用多种引爆方式引爆射孔器。

## 【相关知识】

### 一、油管传输射孔的特点及优点

油管传输射孔是将事先配好的射孔枪接在油管柱的下部，并下入到井下预定深度，用调整油管深度的办法使射孔枪的射孔弹对准油气层的射孔层位，封隔器坐封和装好采油树后，打开清蜡闸门和总闸门，用投捧或环形空间加压的办法起爆射孔。

油管传输射孔的特点如下：

（1）按目的层的压力和岩性特点设计负压，从而减少射孔孔眼杵堵，提高产能。

（2）输送能力强，可一次实施长井段射孔。

（3）使用高性能的射孔器，具有高孔密、深穿透、多方位和大孔径等特点。

（4）适用于高压油气井。

（5）既能射孔后直接投产，又能和地层测试联合作业。

（6）能进行大斜度井和水平井射孔。

油管传输射孔有许多优点，如对油气层的损害最小，一次能射开所有的油气层；能在各类油气所需的临界负压值下射孔；能在电缆射孔不能进行的井内射孔（像水平井）和在复杂的高温高压井射孔。这种方法可在采油（气）树全部装好后射孔，因此安全可靠。

### 二、工艺原理

油管传输射孔的基本原理是，把所要射孔的某一口井的射孔器全部串连在一起，联接在油管柱的尾端（只能把一口井的射孔器全部串连在一起联接在油管柱的尾端，而不能把多口井的射孔器全部串连在一起联接在油管柱的尾端），形成一个硬连接的管串下入井中。通过在油管内测量放射性曲线或磁定位曲线，校深并对准射孔层位。

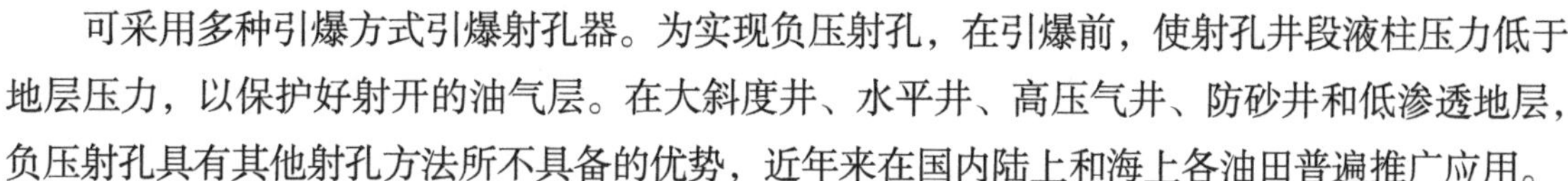


可采用多种引爆方式引爆射孔器。为实现负压射孔，在引爆前，使射孔井段液柱压力低于地层压力，以保护好射开的油气层。在大斜度井、水平井、高压气井、防砂井和低渗透地层，负压射孔具有其他射孔方法所不具备的优势，近年来在国内陆上和海上各油田普遍推广应用。

### 三、操作流程

（1）了解施工井的情况，分配各岗施工任务。

（2）装配射孔枪。

（3）井口连接射孔枪，将所有射孔枪身依次连接好并下入井内。

（4）枪身下入完毕后连接起爆装置。

（5）作业队下放带有枪身的油管柱。

（6）射孔小队校深定位。

（7）调整油管管柱，调整好后射孔。

## 【任务实施】虚拟仿真系统操作

1. 按【开始】按钮或【开始/结束】按钮，开始本次作业。

2. 电测校深：

（1）下放管柱，将大钩吊卡下放至钻台平面，卸掉悬重。

（2）按【电测校深】按钮，电测校深（系统播放电测校深动画）。

3. 摘开吊卡：

（1）松开刹把，指重表所指悬重变化为大钩重量。

（2）按【卸井口钻具】按钮或【吊环接/卸管柱】按钮，摘开吊卡。

4. 接方钻杆。

5. 上扣。

6. 移开井口吊卡：

（1）上提管柱，指重表所指悬重变化为整个管柱重量。

（2）使气动卡瓦处于松开状态，移开井口吊卡。

7. 在防喷器控制台上，打开放喷控制阀，关闭防喷器上半封闸板控制阀；调节节流控制箱，将节流阀开度调节到0，并关闭节流管汇J2a或J3b。

8. 开泵，排量小于5 L/s，油管压力憋压，当油管压力达到射孔压力8 MPa时，系统自动播放射孔动画。

9. 关泵，按【录取关井参数】按钮，观察立压和套压。

10. 调节节流控制箱，将节流阀开度调节到最大；在防喷器控制台上，关闭防喷控制阀，再将节流控制箱的节流阀开度调节到50%。

11. 结束：按【结束】按钮或【开始/结束】按钮，结束本次作业。

# 学习情境二　关井作业操作实训

## 学习性工作任务单

| 学习情境二 | 关井操作实训 | 总学时 | 18学时 |
|---|---|---|---|
| 典型工作过程描述 | 关井操作是指发现溢流后循序关井的操作。一旦发现溢流显示，准确无误地进行关井操作，这是防止发生井喷的唯一正确处理措施 | | |
| 学习目标 | 1. 熟悉关井的基本原理<br>2. 掌握不同工况下关井的操作 | | |
| 素质目标 | 在熟悉石油行业模范人物与事迹的基础上，进一步树立艰苦奋斗、为国家能源贡献力量的职业观，筑牢安全生产意识防线，传承石油精神，弘扬优良传统，奉献奋进、开拓创新 | | |
| 任务描述 | 修井作业现场在不同工况下出现溢流，要严格按照操作规程及技能要点，安全、有效地完成关井实训 | | |
| 学时安排 | 任务 | 学时 | |
| | （有、无钻台）起油管溢流关井作业 | 4 | |
| | （有、无钻台）旋转溢流关井作业 | 4 | |
| | （有、无钻台）电缆射孔溢流关井作业 | 2 | |
| | （有、无钻台）空井溢流关井作业 | 2 | |
| | （有、无钻台）起大直径工具溢流关井作业 | 4 | |
| | 拆换井口溢流关井作业 | 2 | |
| 教学安排 | 2学时教学安排一般为：资讯（15 min）→计划（15 min）→决策（15 min）→实施（30 min）→检查（10 min）→评价（5 min）<br>其余学时的教学安排由任课老师参照2学时教学安排并根据实际教学需求进行调整即可 | | |
| 教学要求 | **学生：**完成课前预习实训作业单，利用网络查找有关实训的学习资料，实训过程中穿戴劳保用品，贯彻落实自己不伤害自己、自己不伤害他人、自己不被他人伤害、保护他人不被伤害的“四不伤害”原则和其他安全要求和注意事项，严格遵守实训室的各项规章制度<br>**教师：**课前勘察现场环境，准备实训器材；课中根据现场岗位需要，安全、有效地完成实训任务，做好随堂评价；课后记录教学反馈 | | |

# 单元1　起油管溢流关井作业

## 【任务描述】

在油田作业中，进行起油管操作时，如果突然发生溢流，即地层流体不受控制地流入井筒，为了防止井喷事故的发生，保护井眼安全，确保人员和设备不受损害，必须立即执行起油管溢流关井作业。

## 【相关知识】

关井作业流程及岗位分工如下：

| 岗位分工 | 控制程序 | | | | | | |
|---|---|---|---|---|---|---|---|
| | 1. **发**：发出溢流报警信号 | 2. **停**：停止起下管柱作业 | 3. **抢**：抢装旋塞阀 | 4. **开**：打开放喷阀或液动平板阀 | 5. **关**：关闭旋塞阀，关闭防喷器 | 6. **关**：先关闭节流阀，试关井，关闭放喷阀或节流阀前的液动平板阀 | 7. **看**：认真观察，准确记录套压以及溢流量，迅速向队长或技术员及修井监督报告 |
| 司钻 | 发出长鸣报警信号 | 停止起下 | 下放钻杆（油管），使钻杆（油管）接头下部能够坐上吊卡，上提一定负载，便于钻具居中 | 待钻台操作完后，接收放喷阀打开信号；确认放喷阀打开后，立即发出两短鸣笛关闭防喷器信号 | 接收副司钻防喷器已关信号 | 若安装节控箱，则操作节控箱关闭节流阀，并向钻工甲发出试关井信号，接收关闭信号，停机；迅速赶到集合点处 | 收集资料，汇报，讲评 |
| 副司钻 | 将溢流情况汇报给司钻，迅速赶到远控台（迅速跑至井口防喷器处） | 检查远控台各阀是否处于工作状态 | | 接收关闭防喷器信号 | 听到关闭防喷器信号后，关闭防喷器（与机工配合关闭防喷器）；然后向钻工甲发出关闭防喷器手势信号 | 迅速赶到循环罐处 | 观察循环罐溢流量，做好记录；迅速赶到集合点处并汇报 |

续表

| | 控制程序 | | | | | | |
|---|---|---|---|---|---|---|---|
| 钻工甲 | | 准备井口工具 | 负责抢装旋塞阀时井口及钻台操作 | 接收机工打开节流阀信号，并向司钻报告 | 接收副司钻关闭防喷器手势信号，并向司钻报告 | 接收司钻试关井信号，向机工传递信号；接收机工关闭节流阀、放喷阀信号并向司钻报告；迅速赶到集合点处 | |
| 钻工乙 | | 准备井口工具 | 负责抢装旋塞阀时井口及钻台操作 | 准备旋塞阀专用扳手 | 关闭旋塞阀，迅速赶到集合点 | | |
| 机工 | 迅速赶到节流阀处 | | | 打开节流阀，手势通知钻工甲 | 若为手动防喷器，听到关闭防喷器信号后，与副司钻配合迅速将防喷器关闭 | 先关闭节流阀，试关井，再关闭节流阀前的手动（液动）平板阀；手势通知钻工甲 | 观察套压，做好记录，迅速赶到集合点处汇报 |
| 井架工 | | 将已卸开的钻具拉回二层台指梁固定 | 迅速赶到集合点处 | | | | |

## 【任务实施】虚拟仿真系统操作

1. 按【开始】按钮或【开始/结束】按钮，开始本次作业。

2. 吊井口油管：

（1）将大钩下放到井口。

（2）按【挂井口钻具】按钮或【吊环接/卸管柱】按钮，吊环吊上井口管柱。

3. 上提管柱，指重表所指悬重变化为整个管柱重量。

4. 正常起油管：

（1）上提管柱至合适位置。在上提过程中，注意观察泥浆池体积增量、返出流量、井底压力、地层压力等情况，若出现变化，则表明可能出现溢流，应立即关井。转至执行步骤6。

（2）使气动卡瓦处于卡紧状态，将卡瓦移动到井口。

（3）松开刹把，指重表所指悬重变化为大钩重量。

（4）卸扣。

（5）上提管柱至合适位置，按【油管进油管盒】按钮或【接/卸油管（单根）】按钮，执

行立柱进立杆盒操作。

**操作提示**

- 上提过程中时刻关注井底压力、地层压力、修井液返出流量等参数变化情况，当发现异常时，可能发生溢流。
- 发现溢流时，需要立即报警。

5. 下放空吊卡到钻台面，返回步骤2，继续起第二柱油管。

6. 抢接管柱防喷器：

（1）按气喇叭，发警报。在防喷器控制台上，打开放喷阀，实现软关井。

（2）同时迅速下放管柱到井口。

（3）松开刹把，指重表所指悬重变化为大钩重量。

（4）按【卸井口钻具】按钮或【吊环接/卸管柱】按钮，摘开吊卡。

（5）上提大钩至2.5 m以上。

（6）按【接旋塞】按钮或【接/卸旋塞】按钮，抢接旋塞。

（7）按【关旋塞】按钮或【开/关旋塞】按钮，关闭旋塞阀门。

7. 悬空管柱，关闭防喷器：

（1）下放大钩至合适位置，按【挂井口钻具】按钮或【吊环接/卸管柱】按钮，挂上井口钻具。

（2）上提管柱，指重表所指悬重变化为整个管柱重量。

8. 关井：

（1）按气喇叭，发关闭防喷器信号。

（2）关闭上半封闸板控制阀。

（3）在阻流器控制台上，关闭节流阀，使其减小到0。

（4）关闭J2A或J3B。

9. 坐卡瓦摘吊卡：

（1）下放大钩至合适位置。

（2）松开刹把，指重表所指悬重变化为大钩重量。

（3）按【卸井口钻具】按钮或【吊环接/卸管柱】按钮，摘开吊卡。

10. 接压力表：上提大钩至3 m以上，按【接压力表】按钮，接上压力表。

11. 读取油压：

（1）按【开旋塞】按钮或【开/关旋塞】按钮，打开旋塞阀门。

（2）待油管压力上升、稳定。

（3）按【录取关井参数】按钮，录取油管压力、套管压力、溢流量。

（4）按气喇叭，发关井完成信号。

12. 按【结束】按钮或【开始/结束】按钮，结束本次作业。

# 单元2 旋转溢流关井作业

## 【任务描述】

在井下作业中，当旋转作业（如钻进、磨铣、套铣等）过程中发生溢流或井涌时，为了防止井喷事故，保障人员和设备安全，必须立即执行旋转溢流关井作业。旋转溢流关井作业的主要目标是迅速且有效地控制井口，防止地层流体继续侵入井内，保持井内压力平衡，为后续的安全压井工作创造条件。

## 【相关知识】

关井作业流程及岗位分工如下：

| 岗位分工 | 控制程序 | | | | | | |
|---|---|---|---|---|---|---|---|
| | 1. **发**：发出溢流报警信号 | 2. **停**：停止冲洗旋转作业 | 3. **抢**：提出方钻杆（油管） | 4. **开**：打开放喷阀或液动平板阀 | 5. **关**：关闭旋塞阀，关闭防喷器 | 6. **关**：先关闭节流阀，关闭放喷阀 | 7. **看**：认真观察，准确记录套压以及溢流量，迅速报告 |
| 司钻 | 发出长鸣报警信号 | 停转盘 | 上提方钻杆（油管），将钻杆下接头坐于吊卡（气动卡瓦）上，上提一定负载，以便钻具居中 | 接收放喷阀打开信号；立即发出两短鸣笛关闭防喷器信号 | 接收钻工甲防喷器已关信号 | 若安装节控箱，则操作节控箱关闭节流阀，并向钻工甲发出试关井信号，待收到钻工甲关闭放喷阀的信号，停机，迅速赶到集合点处 | 收集资料，汇报，讲评 |
| 副司钻 | 将溢流情况汇报给司钻 | 停泵，迅速赶到远控台检查远控台各阀是否处于工作状态（迅速跑至井口防喷器处） | | | 听到关闭防喷器信号后，关闭防喷器（与机工配合关闭防喷器）；然后向钻工甲发出关闭防喷器手势信号，迅速赶到循环罐处 | | 观察循环罐溢流量，做好记录，跑到集合点处并汇报 |
| 钻工甲 | 迅速赶到钻台 | 准备井口工具 | 负责井口及钻台操作 | 接收机工打开节流阀信号，并向司钻报告 | 接收副司钻关闭防喷器手势信号，并向司钻报告 | 接收司钻试关井信号，向机工传递信号；接收机工关闭节流阀、放喷阀信号， | |

续表

| 钻工甲 | 控制程序 | | | | | | |
|---|---|---|---|---|---|---|---|
| | | | | | | 并向司钻报告，迅速跑到集合点处 | |
| 钻工乙 | 迅速赶到钻台 | 准备井口工具 | 负责井口及钻台操作 | 准备旋塞阀专用扳手 | 关闭旋塞阀；迅速赶到集合点处 | | |
| 机工 | 迅速赶到节流阀处 | | | 打开节流阀，手势通知钻工甲 | （听到关闭防喷器信号后，与副司钻配合，迅速将防喷器关闭） | 先关闭节流阀，试关井，再关闭手动（液动）平板阀；手势通知钻工甲 | 观察套压，做好记录并到集合点汇报 |
| 井架工 | 迅速跑到集合点处 | | | | | | |

## 【任务实施】虚拟仿真系统操作

1. 按【开始】按钮或【开始/结束】按钮，开始本次作业。

2. 下放管柱至大钩高度11.6 m以下，开转盘。

3. 循环泥浆：

开泵，适当调整排量，开始循环泥浆。

4. 轻压跑合：

（1）观察泵压正常后，在无钻压下，使钻盘离合器处于挂合状态，调节手油门，挂挡，启动转盘转动。

（2）设置转速为40 ～ 75 r/min。

（3）下放管柱至砂面，控制刹把，钻进。

5. 正常钻进：

（1）逐渐增加钻压，按规定参数均匀钻进。

（2）注意监视泥浆出口流量、泥浆池体积增量、井底压力、地层压力等情况，若出现变化，则说明可能出现溢流。

**操作提示**

- 系统设计为钻完砂段，发生溢流。
- 发现溢流，需要报警。

6. 发警报：

（1）按气喇叭，发警报。

（2）同时停止转盘转动。

（3）上提管柱至大钩高度13 m以上。

（4）停泵。

7. 关井：

（1）在防喷器控制台上，打开放喷阀，实现软关井。

（2）按气喇叭，发关闭防喷器信号。

（3）关闭上半封闸板。

（4）在阻流器控制台上，关闭节流阀，使其开度减小到0。

（5）关闭J2A或J3B。

8. 记录关井参数：

（1）观察阻流器控制台上的“油管压力”“套管压力”表。

（2）按【录取关井参数】按钮录取立管压力、套管压力和溢流量。

（3）按气喇叭，发关井完成信号。

9. 按【结束】按钮或【开始/结束】按钮，结束本次作业。

# 单元3　电缆射孔溢流关井作业

## 【任务描述】

电缆射孔溢流关井作业是在电缆射孔过程中，当发现地层流体不受控制地流入井筒（即发生溢流）时，为了防止井喷事故而采取的一系列紧急应对措施。电缆射孔溢流关井作业是一项关键且紧急的任务，旨在迅速控制井口，防止地层流体继续侵入井内，确保人员和设备安全，并为后续的安全处理措施创造条件。

## 【相关知识】

关井作业流程及岗位分工如下：

| 岗位分工 | 控制程序 | | | | | | |
|---|---|---|---|---|---|---|---|
| | 1. **发**：发出溢流报警信号 | 2. **停**：停止其他作业 | 3. **抢**：抢下防喷单根 | 4. **开**：打开放喷阀或液动平板阀 | 5. **关**：关闭旋塞阀，关闭防喷器 | 6. **关**：先关闭节流阀，试关井，关闭放喷阀或节流阀前的液动平板阀 | 7. **看**：认真观察，准确记录套压以及溢流量，迅速向队长或技术员及修井监督报告 |
| 司钻 | 发出长鸣报警信号 | 停止其他作业；若井涌高度超过钻台面0.5 m时，要求射孔队剪断电缆 | 抢下放防喷单根，并坐在吊卡上 | 待钻台操作完后，接收放喷阀打开信号；确认放喷阀打开后，立即发出两短鸣笛关闭防喷器信号 | 接收副司钻防喷器已关信号 | 若安装节控箱，则操作节控箱关闭节流阀，并向钻工甲发出试关井信号；接收关闭放喷阀的信号；停机；迅速赶到集合点处 | 收集资料，汇报，讲评 |
| 副司钻 | 将溢流情况汇报给司钻，迅速赶到远控台（迅速跑至井口防喷器处） | 检查远控台各阀是否处于工作状态 | | 接收关闭防喷器信号 | 听到关闭防喷器信号后，关闭防喷器（与机工配合关闭防喷器）；然后向钻工甲发出关闭防喷器手势信号 | 迅速赶到循环罐处 | 观察循环罐溢流量，做好记录；迅速赶到集合点处并汇报 |

续表

| | 控制程序 | | | | | | |
|---|---|---|---|---|---|---|---|
| 钻工甲 | 迅速赶到钻台 | 准备井口工具 | 负责抢下防喷单根时井口及钻台操作 | 接收机工打开节流阀信号并向司钻报告 | 接收副司钻关闭防喷器手势信号并向司钻报告 | 接收司钻试关井信号，向机工传递信号；接收机工关闭节流阀、放喷阀信号，并向司钻报告；迅速赶到集合点处 | |
| 钻工乙 | 迅速赶到钻台 | 准备井口工具 | 负责抢下防喷单根时井口及钻台操作 | 准备旋塞阀专用扳手 | 关闭旋塞阀；迅速赶到集合点处 | | |
| 机工 | 迅速赶到节流阀处 | | | 打开节流阀，手势通知钻工甲 | （听到关闭防喷器信号后，与副司钻配合迅速将防喷器关闭） | 先关闭节流阀，试关井，再关闭节流阀前的手动（液动）平板阀；手势通知钻工甲 | 观察套压，做好记录；迅速赶到集合点处并汇报 |
| 井架工 | 迅速跑到集合点处 | | | | | | |

## 【任务实施】虚拟仿真系统操作

1. 按【开始】按钮或【开始/结束】按钮，开始本次作业。
2. 按【射孔】按钮，自动射孔。

**操作提示**

- 射孔过程中不能上体下放。
- 系统设置为射孔后，发生溢流。
- 当溢流发生时，要手动发出警报。

3. 关井：

（1）按气喇叭，发警报。

（2）在防喷器控制台上，打开放喷阀，实现软关井，并点击【剪电缆】按钮，剪断电缆绳。

（3）按气喇叭，发关闭防喷器信号，关闭全封闸板。

（4）在阻流器控制台上，关闭节流阀，使其开度减小到0。

（5）关闭J2A或J3B。

4. 记录参数

（1）按【录取关井参数】按钮，录取溢流参数。

（2）按气喇叭，发关井完成信号。

5. 按【结束】按钮或【开始/结束】按钮，结束本次作业。

# 单元4 空井溢流关井作业

## 【任务描述】

在井下作业中，当井内没有钻具或其他管柱，处于空井状态时，如果发生地层流体不受控制地流入井筒（即溢流），为了防止井喷事故的发生，保护井眼安全，必须立即执行空井溢流关井作业。

## 【相关知识】

关井作业流程及岗位分工如下：

| 岗位分工 | 控制程序 | | | | | | |
|---|---|---|---|---|---|---|---|
| | 1. **发**：发出溢流报警信号 | 2. **停**：停止其他作业 | 3. **抢**：抢下防喷单根 | 4. **开**：打开放喷阀或液动平板阀 | 5. **关**：关闭旋塞阀，关闭防喷器 | 6. **关**：先关闭节流阀，试关井，关闭放喷阀或节流阀前的液动平板阀 | 7. **看**：认真观察，准确记录套压以及溢流量，迅速向队长或技术员及修井监督报告 |
| 司钻 | 发出长鸣报警信号 | 停止其他作业；若井涌高度超过钻台面0.5 m时，要求射孔队剪断电缆 | 抢下放防喷单根，并坐在吊卡上 | 待钻台操作完后，接收放喷阀打开信号；确认放喷阀打开后，立即发出两短鸣笛关闭防喷器信号 | 接收副司钻防喷器已关信号 | 若安装节控箱，则操作节控箱关闭节流阀并向钻工甲发出试关井信号；接收关闭放喷阀的信号；停机；迅速赶到集合点处 | 收集资料，汇报，讲评 |
| 副司钻 | 将溢流情况汇报给司钻，迅速赶到远控台（迅速跑至井口防喷器处） | 检查远控台各阀是否处于工作状态 | | 接收关闭防喷器信号 | 听到关闭防喷器信号后，关闭防喷器（与机工配合关闭防喷器）；然后向钻工甲发出关闭防喷器手势信号 | 迅速赶到循环罐处 | 观察循环罐溢流量，做好记录；迅速赶到集合点处并汇报 |
| 钻工甲 | 迅速赶到钻台 | 准备井口工具 | 负责抢下防喷单根时井口及钻台操作 | 接收机工打开节流阀信号并向司钻报告 | 接收副司钻关闭防喷器手势信号并向司钻报告 | 接收司钻试关井信号，向机工传递信号；接收机工关闭节流阀、放喷阀信号并向司钻报告；迅速赶到集合点处 | |

续表

| | 控制程序 | | | | | | |
|---|---|---|---|---|---|---|---|
| 钻工乙 | 迅速赶到钻台 | 准备井口工具 | 负责抢下防喷单根时井口及钻台操作 | 准备旋塞阀专用扳手 | 关闭旋塞阀；迅速赶到集合点处 | | |
| 机工 | 迅速赶到节流阀处 | | | 打开节流阀，手势通知钻工甲 | （听到关闭防喷器信号后，与副司钻配合迅速将防喷器关闭） | 先关闭节流阀，试关井，再关闭节流阀前的手动（液动）平板阀；手势通知钻工甲 | 观察套压，做好记录；迅速赶到集合点处并汇报 |
| 井架工 | 迅速跑到集合点处 | | | | | | |

## 【任务实施】虚拟仿真系统操作

1. 按【开始】按钮或【开始/结束】按钮，开始本次作业。

2. 吊井口油管：

（1）将大钩下放到钻台面。

（2）按【挂井口钻具】按钮或【吊环接/卸管柱】按钮，吊环吊上井口管柱。

3. 上提管柱，指重表所指悬重变化为整个管柱重量。

4. 正常起油管：

（1）上提管柱至合适位置（18.8 ~ 19.5 m）。

（2）执行管柱进油管盒操作。

**操作提示**

- 系统设置为油管进油管盒后，发生溢流。
- 当溢流发生时，要手动发出警报。

5. 关井：

（1）按气喇叭，发警报。

（2）同时在防喷器控制台上，打开放喷阀，实现软关井。

（3）按气喇叭，发关闭防喷器信号。

（4）关闭全封闸板。

（5）在阻流器控制台上，关闭节流阀，使其开度减小到0。

（6）关闭J2A或J3B。

6. 记录关键参数：

（1）当读数稳定后，按【录取关井参数】按钮录取溢流参数。

（2）按气喇叭，发关井完成信号。

7. 按【结束】按钮或【开始/结束】按钮，结束本次作业。

# 单元5　起大直径工具溢流关井作业

## 【任务描述】

在井下作业施工（如试油、小修等作业）过程中，当起下大直径工具（如封隔器等）时，如果突然发生溢流，即地层流体不受控制地流入井筒，为了防止井喷事故的发生，保护井眼安全，确保人员和设备不受损害，必须立即执行关井作业。

## 【相关知识】

关井作业流程及岗位分工如下：

| 岗位分工 | 控制程序 | | | | | | |
|---|---|---|---|---|---|---|---|
| | 1. **发**：发出溢流报警信号 | 2. **停**：停止其他作业 | 3. **抢**：抢下防喷单根 | 4. **开**：打开放喷阀或液动平板阀 | 5. **关**：关闭旋塞阀，关闭防喷器 | 6. **关**：先关闭节流阀，试关井，关闭放喷阀或节流阀前的液动平板阀 | 7. **看**：认真观察，准确记录套压以及溢流量，迅速向队长或技术员及修井监督报告 |
| 司钻 | 发出长鸣报警信号 | 停止其他作业；若井涌高度超过钻台面0.5 m时，要求射孔队剪断电缆 | 抢下放防喷单根，并坐在吊卡上 | 待钻台操作完后，接收放喷阀打开信号；确认放喷阀打开后，立即发出两短鸣笛关闭防喷器信号 | 接收副司钻防喷器已关信号 | 若安装节控箱，则操作节控箱关闭节流阀，并向钻工甲发出试关井信号；接收关闭放喷阀的信号；停机；迅速赶到集合点处 | 收集资料，汇报，讲评 |
| 副司钻 | 将溢流情况汇报给司钻，迅速赶到远控台（迅速跑至井口防喷器处） | 检查远控台各阀是否处于工作状态 | | 接收关闭防喷器信号 | 听到关闭防喷器信号后，关闭防喷器（与机工配合关闭防喷器）；然后向钻工甲发出关闭防喷器手势信号 | 迅速赶到循环罐处 | 观察循环罐溢流量，做好记录；迅速赶到集合点处并汇报 |
| 钻工甲 | 迅速赶到钻台 | 准备井口工具 | 负责抢下防喷单根时井口及钻台操作 | 接收机工打开节流阀信号并向司钻报告 | 接收副司钻关闭防喷器手势信号并向司钻报告 | 接收司钻试关井信号，向机工传递信号；接收机工关闭节流阀、 | |

续表

| 钻工甲 | 控制程序 | | | | | | |
|---|---|---|---|---|---|---|---|
| | | | | | | 放喷阀信号并向司钻报告；迅速赶到集合点处 | |
| 钻工乙 | 迅速赶到钻台 | 准备井口工具 | 负责抢下防喷单根时井口及钻台操作 | 准备旋塞阀专用扳手 | 关闭旋塞阀，迅速赶到集合点处 | | |
| 机工 | 迅速赶到节流阀处 | | | 打开节流阀，手势通知钻工甲 | （听到关闭防喷器信号后，与副司钻配合迅速将防喷器关闭） | 先关闭节流阀，试关井，再关闭节流阀前的手动（液动）平板阀；手势通知钻工甲 | 观察套压，做好记录；迅速赶到集合点处并汇报 |
| 井架工 | 迅速跑到集合点处 | | | | | | |

## 【任务实施】虚拟仿真系统操作

1. 按【开始】按钮或【开始/结束】按钮，开始本次作业。

2. 吊井口油管：

（1）将大钩下放到钻台面。

（2）按【挂井口钻具】按钮或【吊环接/卸管柱】按钮，吊环吊上井口管柱。

3. 上提管柱，指重表所指悬重变化为整个管柱重量。在此过程中，注意观察井底压力、地层压力、泥浆池体积增减量等参数的变化情况。

**操作提示**

- 系统设定为起大直径工具过程中，由于速度控制不稳会引起溢流。在此过程中，注意观察井底压力和地层压力之间的变化情况，发生异常时，可能发生溢流。
- 大直径工具下放出防喷器时才能关井。

4. 上提管柱，若溢流及时处理：

（1）按气喇叭，发警报。在防喷器控制台上，打开放喷阀，实现软关井。

（2）同时迅速下放管柱到井口。

（3）松开刹把，指重表所指悬重变化为大钩重量。

（4）按【卸井口钻具】按钮或【吊环接/卸管柱】按钮，摘开吊卡。

5. 抢接防喷单根：

（1）上提大钩至0.4 m以上。

（2）按【大钩挂空吊卡】按钮或【吊环接/卸空吊卡】按钮，大钩挂起空吊卡。

（3）按【接防喷单根】按钮或【接/卸方钻杆（防喷单根）】按钮，抢接防喷单根。

（4）下放到合适位置，将大钳离合器和上扣置于挂合位置，将防喷单根旋紧。

（5）上提至指重表所指悬重变化为管柱重量，使气动卡瓦处于松开状态，取掉井口吊卡。

（6）下放至指重表所指悬重变化为大钩重量，按【卸井口钻具】按钮或【吊环接/卸管柱】按钮，吊环卸掉井口钻具。

（7）上提大钩至大钩高度3 m以上，按【关旋塞】按钮或【开/关旋塞】按钮，关闭旋塞。

6. 悬空管柱：

（1）下放大钩至钻台面。

（2）按【挂井口钻具】按钮或【吊环接/卸管柱】按钮，吊环挂上井口管柱。

（3）上提管柱，指重表所指悬重变化为整个管柱重量。

7. 关井：

（1）按气喇叭，发关闭防喷器信号。

（2）关闭上半封闸板控制阀。

（3）在阻流器控制台上，关闭节流阀，使其开度减小到0。

（4）关闭J2A或J3B。

8. 摘吊卡：

（1）下放大钩至钻台面。

（2）松开刹把，指重表所指悬重变化为大钩重量。

（3）按【卸井口钻具】按钮或【吊环接/卸管柱】按钮，摘开吊卡。

9. 接压力表：

上提管柱至3 m以上，按【接压力表】按钮，接上压力表。

10. 读压：

（1）按【开旋塞】按钮或【开/关旋塞】按钮，打开旋塞阀门。

（2）按【录取关井参数】按钮，录取油管压力、套管压力和溢流量。

（3）按气喇叭，发关井完成信号。

11. 按【结束】按钮或【开始/结束】按钮，结束本次作业。

# 单元6　拆换井口溢流关井作业

## 【任务描述】

在油田生产作业中，拆换井口设备是一项常规但重要的工作。然而，如果在拆换过程中发生溢流，即地层流体不受控制地流入井筒，将会严重威胁井眼、人员及设备安全。因此，必须制定并执行严格的拆换井口溢流关井作业程序。

## 【相关知识】

关井作业流程及岗位分工如下：

| 岗位分工 | 控制程序 | | | | | | |
|---|---|---|---|---|---|---|---|
| | 1. **发**：发出溢流报警信号 | 2. **停**：停止其他作业 | 3. **抢**：抢下防喷单根 | 4. **开**：打开放喷阀或液动平板阀 | 5. **关**：关闭旋塞阀，关闭防喷器 | 6. **关**：先关闭节流阀，试关井，关闭放喷阀或节流阀前的液动平板阀 | 7. **看**：认真观察，准确记录套压以及溢流量，迅速向队长或技术员及修井监督报告 |
| 司钻 | 发出长鸣报警信号 | 停止其他作业；若井涌高度超过钻台面0.5 m时，要求射孔队剪断电缆 | 抢下放防喷单根，并坐在吊卡上 | 待钻台操作完成后，接收放喷阀打开信号；确认放喷阀打开后，立即发出两短鸣笛关闭防喷器信号 | 接收副司钻防喷器已关信号 | 若安装节控箱，则操作节控箱关闭节流阀，并向钻工甲发出试关井信号；接收关闭放喷阀的信号；停机；迅速赶到集合点处 | 收集资料，汇报，讲评 |
| 副司钻 | 将溢流情况汇报给司钻，迅速赶到远控台（跑至井口防喷器处） | 检查远控台各阀是否处于工作状态 | | 接收关闭防喷器信号 | 听到关闭防喷器信号后，关闭防喷器（与机工配合关闭防喷器）；然后向钻工甲发出关闭防喷器手势信号 | 迅速赶到循环罐处 | 观察循环罐溢流量，做好记录；迅速赶到集合点处并汇报 |
| 钻工甲 | 迅速赶到钻台 | 准备井口工具 | 负责抢下防喷单根时井口及钻台操作 | 接收机工打开节流阀信号并向司钻报告 | 接收副司钻关闭防喷器手势信号并向司钻报告 | 接收司钻试关井信号，向机工传递信号；接收机工关闭节流阀、放喷阀信号并向司钻报告；迅速赶到集合点处 | |

续表

| 钻工乙 | 控制程序 | | | | | | |
|---|---|---|---|---|---|---|---|
| | 迅速赶到钻台 | 准备井口工具 | 负责抢下防喷单根时井口及钻台操作 | 准备旋塞阀专用扳手 | 关闭旋塞阀；迅速赶到集合点处 | | |
| 机工 | 迅速赶到节流阀处 | | | 打开节流阀，手势通知钻工甲 | （听到关闭防喷器信号后，与副司钻配合，迅速将防喷器关闭） | 先关闭节流阀，试关井，再关闭节流阀前的手动（液动）平板阀；手势通知钻工甲 | 观察套压，做好记录；迅速赶到集合点处并汇报 |
| 井架工 | 迅速跑到集合点处 | | | | | | |

## 【任务实施】虚拟仿真系统操作

在虚拟操作机上完成电缆射孔溢流关井作业流程。

# 单元7 无钻台起下油管作业

## 【任务描述】

无钻台起下油管作业通常指的是在钻井平台上，在没有传统钻台结构支撑的情况下进行油管的起升和下放操作。这种作业模式可能由于钻井平台的设计限制、特殊作业需求或成本考虑而采用。

## 【相关知识】

关井作业流程及岗位分工如下：

| 岗位分工 | 控制程序 | | | | | | |
|---|---|---|---|---|---|---|---|
| | 1. **发**：发出溢流报警信号 | 2. **停**：停止其他作业 | 3. **抢**：抢下防喷单根 | 4. **开**：打开放喷阀或液动平板阀 | 5. **关**：关闭旋塞阀，关闭防喷器 | 6. **关**：先关闭节流阀，试关井，关闭放喷阀或节流阀前的液动平板阀 | 7. **看**：认真观察，准确记录套压以及溢流量，迅速向队长或技术员及修井监督报告 |
| 司钻 | 发出长鸣报警信号 | 停止其他作业；若井涌高度超过钻台面0.5 m时，要求射孔队剪断电缆 | 抢下放防喷单根，并坐在吊卡上 | 待钻台操作完后，接收放喷阀打开信号；确认放喷阀打开后，立即发出两短鸣笛关闭防喷器信号 | 接收副司钻防喷器已关信号 | 若安装节控箱，则操作节控箱关闭节流阀并向钻工甲发出试关井信号；接收关闭放喷阀的信号；停机；迅速赶到集合点处 | 收集资料，汇报，讲评 |
| 副司钻 | 将溢流情况汇报给司钻，迅速赶到远控台（迅速跑至井口防喷器处） | 检查远控台各阀是否处于工作状态 | | 接收关闭防喷器信号 | 听到关闭防喷器信号后，关闭防喷器（与机工配合关闭防喷器）；然后向钻工甲发出关闭防喷器手势信号 | 迅速赶到循环罐处 | 观察循环罐溢流量，做好记录；迅速赶到集合点处并汇报 |
| 钻工甲 | 迅速赶到钻台 | 准备井口工具 | 负责抢下防喷单根时井口及钻台操作 | 接收机工打开节流阀信号并向司钻报告 | 接收副司钻关闭防喷器手势信号并向司钻报告 | 接收司钻试关井信号，向机工传递信号；接收机工关闭节流阀、放喷阀信号并向司钻报告；迅速赶到集合点处 | |

续表

| | 控制程序 | | | | | | |
|---|---|---|---|---|---|---|---|
| 钻工乙 | 迅速赶到钻台 | 准备井口工具 | 负责抢下防喷单根时井口及钻台操作 | 准备旋塞阀专用扳手 | 关闭旋塞阀；迅速赶到集合点处 | | |
| 机工 | 迅速赶到节流阀处 | | | 打开节流阀，手势通知钻工甲 | （听到关闭防喷器信号后，与副司钻配合迅速将防喷器关闭） | 先关闭节流阀，试关井，再关闭节流阀前的手动（液动）平板阀；手势通知钻工甲 | 观察套压，做好记录；迅速赶到集合点处并汇报 |
| 井架工 | 迅速跑到集合点处 | | | | | | |

## 【任务实施】虚拟仿真系统操作

### 一、下油管

1. 按【开始】按钮或【开始/结束】按钮，开始本次作业。

2. 吊滑道单根：

（1）下放吊环到井口。

（2）按【接油管】按钮或【接油管/油管进滑道】按钮，吊滑道单根。

（3）等待上提单根，当上提到一定高度后，单根将自动摆到井口。

3. 上扣紧扣：

（1）将油管下放到井口至释放悬重。

（2）先使液泵、大钳离合器置于挂合位置，再使上扣置于挂合位置，上扣。

**操作提示**

若高度未在规定范围内，则此操作将无法进行，系统会有语音提示。

4. 移开吊卡

（1）上提油管，指重表所指悬重变化为整个油管组合重量。

（2）使气动卡瓦处于松开状态，移开井口吊卡。

**操作提示**

若未上提管柱，则此操作将无法进行，系统会有语音提示。

5. 下放管柱：

（1）下放油管，目视指重表，观察其读数的变化。

（2）当单根下放快到井口时，控制下放速度，将吊卡平稳坐于井口，刹死刹把。

6. 取掉吊环：按【大钩卸井口吊卡】按钮或【吊环接/卸管柱】按钮，取掉吊环。

7. 至此，完成下放油管操作。可选择以下两种后续操作之一。

操作1：返回步骤2，重新接油管，继续下放油管。

操作2：按【结束】按钮或【开始/结束】按钮，结束本次作业。

## 二、起油管

1. 按【开始】按钮或【开始/结束】按钮，开始本次作业。

2. 大钩吊卡挂井口油管：

（1）下放大钩至井口。

（2）按【大钩挂井口吊卡】按钮或【吊环接/卸管柱】按钮，吊环挂上井口油管。

3. 上提单根：当上提起出一根单根后，停止上提。

4. 卸扣：

（1）使气动卡瓦处于卡紧状态，将吊卡移动到井口；

（2）下放油管，使悬重变化为大钩重量；

（3）先使液泵、大钳离合器置于挂合位置，再使卸扣置于挂合位置，卸扣。

**操作提示**

若大钩高度高于11.01 m，则此操作将无法进行，系统会有语音提示。

5. 摆单根到滑动跑道（滑道）：

（1）上提单根至11.06 ～ 12 m。

（2）按【油管进油管滑道】按钮或【接油管/油管进滑道】按钮，摆单根离开井口。

（3）等待下放油管，将油管缓慢地放在滑动跑道（滑道）上。

6. 吊环回井口。

7. 至此，完成起单根操作。可选择以下两种后续操作之一。

操作1：返回步骤2，继续起单根。

操作2：按【结束】按钮或【开始/结束】按钮，结束本次作业。

**操作提示**

只有完成了起油管和下油管操作，才能算作完成了本次作业的考核。

# 单元8 无钻台旋转溢流关井作业

## 【任务描述】

在无钻台条件下进行旋转作业时，如钻具的提下、旋转清洗等作业，如果突然发生溢流，即地层流体不受控制地流入井筒，此时必须立即启动无钻台旋转溢流关井程序，以确保井控安全。

## 【相关知识】

关井作业流程及岗位分工如下：

| 岗位分工 | 控制程序 | | | | | | |
|---|---|---|---|---|---|---|---|
| | 1. **发**：发出溢流报警信号 | 2. **停**：停止其他作业 | 3. **抢**：抢下防喷单根 | 4. **开**：打开放喷阀或液动平板阀 | 5. **关**：关闭旋塞阀，关闭防喷器 | 6. **关**：先关闭节流阀，试关井，关闭放喷阀或节流阀前的液动平板阀 | 7. **看**：认真观察，准确记录套压以及溢流量，迅速向队长、技术员及修井监督报告 |
| 司钻 | 发出长鸣报警信号 | 停止其他作业；若井涌高度超过钻台面0.5 m时，要求射孔队剪断电缆 | 抢下放防喷单根，并坐在吊卡上 | 待钻台操作完后，接收放喷阀打开信号；确认放喷阀打开后，立即发出两短鸣笛关闭防喷器信号 | 接收副司钻防喷器已关信号 | 若安装节控箱，则操作节控箱关闭节流阀，并向钻工甲发出试关井信号；接收关闭放喷阀的信号；停机；迅速赶到集合点处 | 收集资料，汇报，讲评 |
| 副司钻 | 将溢流情况汇报给司钻，迅速赶到远控台（跑至井口防喷器处） | 检查远控台各阀是否处于工作状态 | | 接收关闭防喷器信号 | 听到关闭防喷器信号后，关闭防喷器（与机工配合关闭防喷器）；然后向钻工甲发出关闭防喷器手势信号 | 迅速赶到循环罐处 | 观察循环罐溢流量，做好记录；迅速赶到集合点处并汇报 |
| 钻工甲 | 迅速赶到钻台 | 准备井口工具 | 负责抢下防喷单根时井口及钻台操作 | 接收机工打开节流阀信号并向司钻报告 | 接收副司钻关闭防喷器手势信号并向司钻报告 | 接收司钻试关井信号，向机工传递信号；接收机工关闭节流阀、放喷阀信号并向司钻报告；迅速赶到集合点处 | |

续表

| 钻工乙 | 控制程序 | | | | | | |
|---|---|---|---|---|---|---|---|
| 钻工乙 | 迅速赶到钻台 | 准备井口工具 | 负责抢下防喷单根时井口及钻台操作 | 准备旋塞阀专用扳手 | 关闭旋塞阀；迅速赶到集合点处 | | |
| 机工 | 迅速赶到节流阀处 | | | 打开节流阀，手势通知钻工甲 | （听到关闭防喷器信号后，与副司钻配合迅速将防喷器关闭） | 先关闭节流阀，试关井，再关闭节流阀前的手动（液动）平板阀；手势通知钻工甲 | 观察套压，做好记录；迅速赶到集合点处并汇报 |
| 井架工 | 迅速跑到集合点处 | | | | | | |

## 【任务实施】虚拟仿真系统操作

1. 按【开始】按钮或【开始/结束】按钮，开始本次作业。

2. 循环泥浆：

（1）下放管柱，在距砂面3～5 m刹停。

（2）开泵，挂挡，适当调整排量，开始循环泥浆。

3. 轻压跑合：观察泵压正常后，下放管柱至砂面，控制刹把，稳定钻进。

4. 正常钻塞：

（1）逐渐增加钻压，按规定参数均匀钻塞。

（2）注意监视泥浆出口流量、泥浆池体积增量、井底压力、地层压力等情况，若出现变化，则说明可能出现溢流。

**操作提示**

- 系统设计为钻完1 m砂面，发生溢流。
- 发现溢流，需要报警。

5. 发警报：立即刹死，按气喇叭，发出溢流警报信号。

6. 同时卸杆：

（1）停泵。

（2）上提管柱至大钩高度（11～12 m）。

（3）使气动卡瓦处于卡紧状态，上井口卡瓦。

（4）松开刹把，指重表所指悬重变化为大钩重量。

（5）先使液泵、大钳离合器置于挂合位置，再使卸扣置于挂合位置，卸扣。

（6）上提管柱至大钩至提起悬重，按【油管进油管滑道】按钮或【接油管/油管进滑道】按钮，执行立杆进立杆盒操作。

7. 关闭冲管下考克：

（1）上提管柱至大钩高度大于3 m。

（2）按【关旋塞】按钮或【开/关旋塞（防喷井口闸门）】按钮，关闭旋塞。

8. 管柱悬空：

（1）将大钩下放到井口。

（2）按【大钩挂井口吊卡】按钮或【吊环接/卸管柱】按钮，吊环吊上井口管柱。

（3）上提管柱至指重表所指悬重变化为整个管柱重量。

9. 关井：

（1）按气喇叭，发关闭防喷器信号。

（2）按关闭防喷器半封，关闭防喷器半封闸板。

（3）在阻流器控制台上，关闭节流阀，使其开度减小到0。

（4）关闭J2A或J3B。

10. 记录关井参数：

（1）下放大钩至指重表所指悬重变化为大钩重量。按【大钩卸井口吊卡】按钮或【吊环接/卸管柱】按钮，摘开吊卡。

（2）上提大钩至3 m以上。

（3）按【接压力表】按钮，自动接压力表。

（4）按【开旋塞】按钮或【开/关旋塞（防喷井口闸门）】按钮，打开旋塞阀门。

（5）待油管压力上升稳定后，按【录取关井参数】按钮录取油管压力、套管压力和溢流量。

（6）按气喇叭，发三声关井完成信号。

11. 按【结束】按钮或【开始/结束】按钮，结束本次作业。

# 单元9 无钻台起下油管溢流关井作业

## 【任务描述】

在油田生产作业中，无钻台起下油管作业是一种常见的操作。如果在此过程中发生溢流，即地层流体不受控制地流入井筒，将会严重威胁井眼、人员和设备安全。因此必须制定并执行严格的关井作业程序，以确保迅速、有效地控制溢流。

## 【相关知识】

关井作业流程及岗位分工如下：

| 岗位分工 | 控制程序 | | | | | | |
|---|---|---|---|---|---|---|---|
| | 1. **发**：发出溢流报警信号 | 2. **停**：停止其他作业 | 3. **抢**：抢下防喷单根 | 4. **开**：打开放喷阀或液动平板阀 | 5. **关**：关闭旋塞阀，关闭防喷器 | 6. **关**：先关闭节流阀，试关井，关闭放喷阀或节流阀前的液动平板阀 | 7. **看**：认真观察，准确记录套压以及溢流量，迅速向队长或技术员及修井监督报告 |
| 司钻 | 发出长鸣报警信号 | 停止其他作业；若井涌高度超过钻台 面0.5 m时，要求射孔队剪断电缆 | 抢下放防喷单根，并坐在吊卡上 | 待钻台操作完后，接收放喷阀打开信号；确认放喷阀打开后，立即发出两短鸣笛关闭防喷器信号 | 接收副司钻防喷器已关信号 | 若安装节控箱，则操作节控箱关闭节流阀，并向钻工甲发出试关井信号；接收关闭放喷阀的信号；停机；迅速赶到集合点处 | 收集资料，汇报，讲评 |
| 副司钻 | 将溢流情况汇报给司钻，迅速赶到远控台（跑至井口防喷器处） | 检查远控台各阀是否处于工作状态 | | 接收关闭防喷器信号 | 听到关闭防喷器信号后，关闭防喷器（与机工配合关闭防喷器）；然后向钻工甲发出关闭防喷器手势信号 | 迅速赶到循环罐处 | 观察循环罐溢流量，做好记录；迅速赶到集合点处并汇报 |
| 钻工甲 | 迅速赶到钻台 | 准备井口工具 | 负责抢下防喷单根时井口及钻台操作 | 接收机工打开节流阀信号并向司钻报告 | 接收副司钻关闭防喷器手势信号并向司钻报告 | 接收司钻试关井信号，向机工传递信号；接收机工关闭节流阀、放喷阀信号并向司钻报告；迅速赶到集合点处 | |

续表

| | 控制程序 | | | | | | |
|---|---|---|---|---|---|---|---|
| 钻工乙 | 迅速赶到钻台 | 准备井口工具 | 负责抢下防喷单根时井口及钻台操作 | 准备旋塞阀专用扳手 | 关闭旋塞阀；迅速赶到集合点处 | | |
| 机工 | 迅速赶到节流阀处 | | | 打开节流阀，手势通知钻工甲 | （听到关闭防喷器信号后，与副司钻配合迅速将防喷器关闭） | 先关闭节流阀，试关井，再关闭节流阀前的手动（液动）平板阀；手势通知钻工甲 | 观察套压，做好记录；迅速赶到集合点处并汇报 |
| 井架工 | 迅速跑到集合点处 | | | | | | |

## 【任务实施】虚拟仿真系统操作

1. 按【开始】按钮或【开始/结束】按钮，开始本次作业。

2. 吊井口油管：

（1）将大钩下放到井口。

（2）按【大钩挂井口吊卡】按钮或【吊环接/卸管柱】按钮，吊环吊上井口油管。

3. 正常起油管：上提油管至合适位置（大钩高度11.01～15 m）。在上提过程中，注意观察泥浆池体积增量、井底压力、地层压力等情况。若出现变化，则表明可能出现溢流，应立即关井。转至执行步骤7实施关井。

4. 卸扣

（1）使气动卡瓦处于卡紧状态，将吊卡移动到井口。

（2）下放油管，指重表所指悬重变化为大钩重量。

（3）先使液泵、大钳离合器器置于挂合位置，再使卸扣置于挂合位置，卸扣。

5. 摆单根到滑动跑道（滑道）：

（1）上提单根至11.06～12 m。

（2）按【油管进油管滑道】按钮或【接油管/油管进滑道】按钮，摆单根到滑动跑道（滑道）。

（3）将油管缓慢地放在滑动跑道（滑道）上。

**操作提示**

- 系统设计为当井底压力低于地层压力时发生溢流。
- 发现溢流，需要报警，报警一声长鸣笛（15 s以上）。

6. 下放空吊环到钻台面，返回步骤2，继续起第二柱油管。

7. 抢接旋塞：

（1）立即刹死，按气喇叭，发溢流警报信号。

（2）同时迅速下放管柱到井口（指重表所指悬重变化为整个大钩重量）。

（3）按【大钩卸井口吊卡】按钮或【吊环接/卸管柱】按钮，摘开吊卡。

（4）上提大钩至3 m以上。

（5）按【接旋塞】按钮或【接/卸旋塞】按钮，抢接旋塞。

（6）先将液泵、大钳离合器置于挂合位置，再将上扣置于挂合位置，将考克旋紧。

（7）按【关旋塞】按钮或【开/关旋塞（防喷井口闸门）】按钮，关闭旋塞阀门。

8. 管柱悬空：

（1）将大钩下放到1.6 m以下。

（2）按【大钩挂井口吊卡】按钮或【吊环接/卸管柱】按钮，吊环吊上井口管柱。

（3）上提管柱，至指重表所指悬重变化为整个管柱重量。

9. 关井：

（1）按气喇叭，发关闭防喷器信号。

（2）按关闭防喷器半封，关闭防喷器半封闸板。

（3）在阻流器控制台上，关闭节流阀，使其减小到0。

（4）关闭J2A或J3B。

10. 记录关井参数：

（1）下放大钩，至指重表所指悬重变化为大钩重量。按【大钩卸井口吊卡】按钮或【吊环接/卸管柱】按钮，摘开吊卡。

（2）上提大钩至3 m以上。

（3）按【接压力表】按钮，自动接压力表。

（4）按【开旋塞】按钮或【开/关旋塞（防喷井口闸门）】按钮，打开旋塞阀门。

（5）待油管压力上升稳定后，按【录取关井参数】按钮录取油管压力、套管压力和溢流量。

（6）按气喇叭，发三声关井完成信号。

11. 按【结束】按钮或【开始/结束】按钮，结束本次作业。

# 单元10　无钻台起大直径管柱溢流关井作业

## 【任务描述】

在无钻台钻井作业中，由于平台设计、作业空间或成本考虑等因素，可能采用无钻台方式进行大直径管柱的起下作业。然而，由于地层压力、地质条件复杂多变，起下大直径管柱时容易发生溢流。为了确保人员安全、设备完好和井眼稳定，必须制定并执行严格的关井作业程序。

## 【相关知识】

关井作业流程及岗位分工如下：

| 岗位分工 | 控制程序 | | | | | | |
|---|---|---|---|---|---|---|---|
| | 1. **发**：发出溢流报警信号 | 2. **停**：停止其他作业 | 3. **抢**：抢下防喷单根 | 4. **开**：打开放喷阀或液动平板阀 | 5. **关**：关闭旋塞阀，关闭防喷器 | 6. **关**：先关节流阀，试关井，关放喷阀或节流阀前的液动平板阀 | 7. **看**：认真观察，准确记录套压以及溢流量，迅速向队长或技术员及修井监督报告 |
| 司钻 | 发出长鸣报警信号 | 停止其他作业；若井涌高度超过钻台面0.5 m时，要求射孔队剪断电缆 | 抢下放防喷单根，并坐在吊卡上 | 待钻台操作完后，接收放喷阀打开信号；确认放喷阀打开后，立即发出两短鸣笛关闭防喷器信号 | 接收副司钻防喷器已关信号 | 若安装节控箱，则操作节控箱关闭节流阀，并向钻工甲发出试关井信号；接收关闭放喷阀的信号；停机；迅速赶到集合点处 | 收集资料，汇报，讲评 |
| 副司钻 | 将溢流情况汇报给司钻，迅速赶到远控台（跑至井口防喷器处） | 检查远控台各阀是否处于工作状态 | | 接收关闭防喷器信号 | 听到关闭防喷器信号后，关闭防喷器（与机工配合关闭防喷器）；然后向钻工甲发出关闭防喷器手势信号 | 迅速赶到循环罐处 | 观察循环罐溢流量，做好记录；迅速赶到集合点处并汇报 |
| 钻工甲 | 迅速赶到钻台 | 准备井口工具 | 负责抢下防喷单根时井口及钻台操作 | 接收机工打开节流阀信号，并向司钻报告 | 接收副司钻关闭防喷器手势信号并向司钻报告 | 接收司钻试关井信号，向机工传递信号；接收机工关闭节流阀、放喷阀信号，并向司钻报告；迅速赶到集合点处 | |

续表

| 钻工乙 | 控制程序 | | | | | |
|---|---|---|---|---|---|---|
| 钻工乙 | 迅速赶到钻台 | 准备井口工具 | 负责抢下防喷单根时井口及钻台操作 | 准备旋塞阀专用扳手 | 关闭旋塞阀；迅速赶到集合点 | | |
| 机工 | 迅速赶到节流阀处 | | | 打开节流阀，手势通知钻工甲 | （听到关闭防喷器信号后，与副司钻配合迅速将防喷器关闭） | 先关闭节流阀，试关井，再关闭节流阀前的手动（液动）平板阀；手势通知钻工甲 | 观察套压，做好记录；迅速赶到集合点处并汇报 |
| 井架工 | 迅速跑到集合点处 | | | | | | |

## 【任务实施】虚拟仿真系统操作

1. 按【开始】按钮或【开始/结束】按钮，开始本次作业。

2. 起油管：起油管参照起油管操作。在上提过程中，注意观察泥浆池体积增量情况，若出现变化，则表明可能出现溢流，应立即关井，转到步骤3处理。

**操作提示**

发现溢流，需要报警，报警一声长鸣笛（15 s以上）。

3. 抢接管柱防喷器：

（1）立即刹死，按气喇叭，发溢流警报信号。

（2）同时迅速下放管柱到井口（指重表所指悬重变化为整个大钩重量）。

（3）按【大钩卸井口吊卡】按钮或【吊环接/卸管柱】按钮，摘开吊卡。

（4）上提大钩至2.2 m左右。

（5）准备接防窜短节。

（6）上提大钩至2.5 m以上，按【接防窜短节】按钮或【接/卸防窜短节】按钮，抢接防窜短节。

（7）先将液泵、大钳离合器置于挂合位置，再将上扣置于挂合位置，将接防窜短节旋紧。

（8）上提至大钩悬重变化为整个管柱重量，使气动卡瓦处于松开状态，松开井口卡瓦。

（9）下放至大钩悬重变化为大钩重量，按【大钩卸井口吊卡】按钮或【吊环接/卸管柱】按钮，摘开井口吊卡。

（10）上提大钩到3 m以上，按【关旋塞】按钮或【开/关旋塞（防喷井口闸门）】按钮，关闭防窜短节旋塞阀门。

4. 管柱悬空：

（1）将大钩下放到1.6 m以下。

（2）按【大钩挂井口吊卡】按钮或【吊环接/卸管柱】按钮，吊环吊上井口管柱。

（3）上提管柱，至指重表所指悬重变化为整个管柱重量。

5. 关井：

（1）按气喇叭，发关闭防喷器信号。

（2）关闭防喷器半封，关闭防喷器半封闸板。

（3）在阻流器控制台上，关闭节流阀，使其开度减小到0。

（4）关闭J2A或J3B。

6. 记录关井参数：

（1）下放大钩，至指重表所指悬重变化为大钩重量。按【大钩卸井口吊卡】按钮或【吊环接/卸管柱】按钮，摘开吊卡。

（2）上提大钩至3 m以上。

（3）按【接压力表】按钮，自动接压力表。

（4）按【开旋塞】按钮或【开/关旋塞（防喷井口闸门）】按钮，打开旋塞阀门。

（5）待油管压力上升稳定后，按【录取关井参数】按钮录取油管压力、套管压力和溢流量。

（6）按气喇叭，发三声关井完成信号。

（7）按【结束】按钮或【开始/结束】按钮，结束本次作业。

# 单元11 无钻台电缆射孔溢流关井作业

## 【任务描述】

在无钻台环境下进行电缆射孔作业时，由于地层压力变化、射孔操作失误或其他不可预见的因素，可能会发生溢流现象。此时，地层流体不受控制地流入井筒，严重威胁人员、井眼及设备安全。因此必须立即执行无钻台电缆射孔溢流关井作业，以迅速切断地层流体流入，防止井喷事故发生。

## 【相关知识】

关井作业流程及岗位分工如下：

| 岗位分工 | 控制程序 | | | | | | |
|---|---|---|---|---|---|---|---|
| | 1. **发**：发出溢流报警信号 | 2. **停**：停止其他作业 | 3. **抢**：抢下防喷单根 | 4. **开**：打开放喷阀或液动平板阀 | 5. **关**：关闭旋塞阀，关闭防喷器 | 6. **关**：先关闭节流阀，试关井，关闭放喷阀或节流阀前的液动平板阀 | 7. **看**：认真观察，准确记录套压以及溢流量，迅速向队长或技术员及修井监督报告 |
| 司钻 | 发出长鸣报警信号 | 停止其他作业；若井涌高度超过钻台面0.5 m时，要求射孔队剪断电缆 | 抢下放防喷单根，并坐在吊卡上 | 待钻台操作完后，接收放喷阀打开信号；确认放喷阀打开后，立即发出两短鸣笛关闭防喷器信号 | 接收副司钻防喷器已关信号 | 若安装节控箱，则操作节控箱关闭节流阀，并向钻工甲发出试关井信号；接收关闭放喷阀的信号；停机；迅速赶到集合点处 | 收集资料，汇报，讲评 |
| 副司钻 | 将溢流情况汇报给司钻，迅速赶到远控台（跑至井口防喷器处） | 检查远控台各阀是否处于工作状态 | | 接收关闭防喷器信号 | 听到关闭防喷器信号后，关闭防喷器（与机工配合关闭防喷器）；然后向钻工甲发出关闭防喷器手势信号 | 迅速赶到循环罐处 | 观察循环罐溢流量，做好记录；迅速赶到集合点处并汇报 |
| 钻工甲 | 迅速赶到钻台 | 准备井口工具 | 负责抢下防喷单根时井口及钻台操作 | 接收机工打开节流阀信号，并向司钻报告 | 接收副司钻关闭防喷器手势信号，并向司钻报告 | 接收司钻试关井信号，向机工传递信号；接收机工关闭节流阀、放喷阀信号，并向司钻报告；迅速赶到集合点处 | |

续表

| | 控制程序 | | | | | | |
|---|---|---|---|---|---|---|---|
| 钻工乙 | 迅速赶到钻台 | 准备井口工具 | 负责抢下防喷单根时井口及钻台操作 | 准备旋塞阀专用扳手 | 关闭旋塞阀；迅速赶到集合点处 | | |
| 机工 | 迅速赶到节流阀处 | | | 打开节流阀，手势通知钻工甲 | （听到关闭防喷器信号后，与副司钻配合迅速将防喷器关闭） | 先关闭节流阀，试关井，再关闭节流阀前的手动（液动）平板阀；手势通知钻工甲 | 观察套压，做好记录；迅速赶到集合点处并汇报 |
| 井架工 | 迅速跑到集合点处 | | | | | | |

## 【任务实施】虚拟仿真系统操作

1. 按【开始】按钮或【开始/结束】按钮，开始本次作业。

2. 按【射孔】按钮，自动射孔。

**操作提示**

- 射孔过程中不能上体下放。
- 系统设置为射孔后，发生溢流。
- 当溢流发生时，要手动发出警报。

3. 关井：

（1）按气喇叭，发溢流警报信号。

（2）按【剪电缆】按钮，剪断电缆。

（3）按气喇叭，发关闭防喷器信号。

（4）关闭防喷器全封，关闭全封。

（5）在阻流器控制台上，关闭节流阀，使其开度减小到0。

（6）关闭J2A或J3B。

4. 记录关键参数：

（1）当读数稳定后，按【录取关井参数】按钮录取溢流参数。

（2）按气喇叭，发关井完成信号。

5. 按【结束】按钮或【开始/结束】按钮，结束本次作业。

# 单元12 无钻台空井溢流关井作业

## 【任务描述】

在无钻台钻井或修井作业中，当井内处于空井状态时，如果地层压力突然变化或地层流体因某种原因不受控制地流入井筒，将会发生溢流。此时，为了防止井喷，保护井眼安全，并确保人员和设备安全，必须立即执行无钻台空井溢流关井作业。

## 【相关知识】

关井作业流程及岗位分工如下：

| 岗位分工 | 控制程序 | | | | | | |
|---|---|---|---|---|---|---|---|
| | 1. **发**：发出溢流报警信号 | 2. **停**：停止其他作业 | 3. **抢**：抢下防喷单根 | 4. **开**：打开放喷阀或液动平板阀 | 5. **关**：关闭旋塞阀，关闭防喷器 | 6. **关**：先关闭节流阀，试关井，关闭放喷阀或节流阀前的液动平板阀 | 7. **看**：认真观察，准确记录套压以及溢流量，迅速向队长或技术员及修井监督报告 |
| 司钻 | 发出长鸣报警信号 | 停止其他作业；若井涌高度超过钻台面0.5m时，要求射孔队剪断电缆 | 抢下放防喷单根，并坐在吊卡上 | 待钻台操作完后，接收放喷阀打开信号；确认放喷阀打开后，立即发出两短鸣笛关闭防喷器信号 | 接收副司钻防喷器已关信号 | 若安装节控箱，则操作节控箱关闭节流阀，并向钻工甲发出试关井信号；接收关闭放喷阀的信号；停机；迅速赶到集合点处 | 收集资料，汇报，讲评 |
| 副司钻 | 将溢流情况汇报给司钻，迅速赶到远控台（跑至井口防喷器处） | 检查远控台各阀是否处于工作状态 | | 接收关闭防喷器信号 | 听到关闭防喷器信号后，关闭防喷器（与机工配合关闭防喷器）；然后向钻工甲发出关闭防喷器手势信号 | 迅速赶到循环罐处 | 观察循环罐溢流量，做好记录；迅速赶到集合点处并汇报 |
| 钻工甲 | 迅速赶到钻台 | 准备井口工具 | 负责抢下防喷单根时井口及钻台操作 | 接收机工打开节流阀信号，并向司钻报告 | 接收副司钻关闭防喷器手势信号，并向司钻报告 | 接收司钻试关井信号，向机工传递信号；接收机工关闭节流阀、放喷阀信号，并向司钻报告；迅速赶到集合点处 | |

续表

| | 控制程序 | | | | | | |
|---|---|---|---|---|---|---|---|
| 钻工乙 | 迅速赶到钻台 | 准备井口工具 | 负责抢下防喷单根时井口及钻台操作 | 准备旋塞阀专用扳手 | 关闭旋塞阀；迅速赶到集合点处 | | |
| 机工 | 迅速赶到节流阀处 | | | 打开节流阀，手势通知钻工甲 | （听到关闭防喷器信号后，与副司钻配合迅速将防喷器关闭） | 先关闭节流阀，试关井，再关闭节流阀前的手动（液动）平板阀；手势通知钻工甲 | 观察套压，做好记录；迅速赶到集合点处并汇报 |
| 井架工 | 迅速跑到集合点处 | | | | | | |

## 【任务实施】虚拟仿真系统操作

1. 按【开始】按钮或【开始/结束】按钮，开始本次作业。

2. 起油管：起油管参照起油管操作。在上提过程中，注意观察泥浆池体积增量情况，若出现变化，则表明可能出现溢流，应立即关井，转到步骤3处理。

**操作提示**

- 系统设置为油管进立杆盒后，发生溢流。
- 当溢流发生时，要手动发出警报。

3. 关井：

（1）按气喇叭，发溢流警报信号。

（2）按气喇叭，发关闭防喷器信号。

（3）同时关防喷器全封，关闭防喷器全封闸板。

（4）在阻流器控制台上，关闭节流阀，使其开度减小到0。

（5）关闭J2A或J3B。

4. 记录关键参数：

（1）当读数稳定后，按【录取关井参数】按钮录取溢流参数。

（2）按气喇叭，发关井完成信号。

5. 按【结束】按钮或【开始/结束】按钮，结束本次作业。

# 学习情境三　压井作业操作实训

## 学习性工作任务单

| 学习情境三 | 压井作业操作实训 | 总学时 | 8学时 |
|---|---|---|---|
| 典型工作过程描述 | 压井的目的是把井下油层压住，使其在钻井射孔或作业时不发生井喷，保证试油和作业安全进行，同时保证施工后油层不因为压井而受到污染损害。压井时根据实际地层条件和井口设备状态选择正反循环法、工程师法、司钻法等方式进行压井，重新建立井内压力平衡。施工中应当注意合理选择压井液的密度和压井方式，使压井工作真正做到“压而不死，活而不喷，不喷不漏，保护油层” | | |
| 学习目标 | 1. 掌握正反循环压井工艺的原理<br>2. 掌握工程师法压井工艺的原理<br>3. 掌握司钻法压井工艺的原理 | | |
| 素质目标 | 筑牢安全生产意识防线，立足于岗位需求，在奉献中绽放青春，在岗位上创造价值，将个人成长和人生追求汇入时代洪流中 | | |
| 任务描述 | 在根据压井任务，能够按照不同压井方法进行实训操作 | | |
| 学时安排 | 任务 | | 学时 |
| | 司钻法压井操作 | | 2 |
| | 工程师法压井操作 | | 2 |
| | 反循环司钻法压井操作 | | 2 |
| | 反循环工程师法压井操作 | | 2 |
| 教学安排 | 2学时教学安排一般为：资讯（15 min）→计划（15 min）→决策（15 min）→实施（30 min）→检查（10 min）→评价（5 min）<br>其余学时的教学安排由任课老师参照2学时教学安排并根据实际教学需求进行调整即可 | | |
| 教学要求 | **学生：**完成课前预习实训作业单，充分利用网络查找有关实训的学习资料，实训过程中穿戴劳保用品，贯彻落实自己不伤害自己、自己不伤害他人、自己不被他人伤害、保护他人不被伤害的“四不伤害”原则和其他安全要求注意事项，严格遵守实训室的各项规章制度<br>**教师：**课前勘察现场环境，准备实训器材；课中根据现场岗位需要，安全、有效地完成实训任务，做好随堂评价；课后记录教学反馈 | | |

# 单元1　司钻法压井操作

## 【任务描述】

司钻法压井操作需要两个循环周，在这两周的正确循环过程中，通过在地面调节节流阀，监视油压和套压来保持井底压力为常量。在司钻法的第一循环中，用发生溢流时井内的作业流体将溢流循环出井，然后在第二循环时用要求的加重流体顶替原来的作业流体。

## 【相关知识】

司钻法压井操作步骤：

第一步：排出溢流

（1）缓慢开泵：同时开节流阀，保持关井套压不变，使泵速逐渐达到压井泵速，油压达到$P_B$=关井油压+低泵速压力。

（2）保持泵速：调节节流阀，使立压保持初始立管总压力$P_B$，直到原浆返出井口。

在上一过程中，套压因气体膨胀上升，如有可能超限时，可开大节流阀，或使用更小泵速。

（3）循环结束：停泵，关闭节流阀，观察。此时，立压=套压=关井立压；否则继续循环排污。

第二步：压井

（1）准备好压井液：倒好流程。

（2）缓慢开泵：同时开节流阀，保持套压为上次循环结束值$P_d$，使泵速达到压井泵速，立压达到$P_B$。

（3）保持泵速：调节节流阀，使油压随重浆下行而缓慢下降，从$P_B$降到$P_{Bf}$（低泵速压力），而此时由于环空中液体无变化，故环空套压为常数。

（4）当总冲数表示重泥浆达到井底时，立压应为$P_{Bf}$，套压为原来的数值。

（5）随着重泥浆上返，环空压井液柱高度增加，套压逐渐减少为零，而油压保持常量。

（6）重浆返至井口，停泵，关闭节流阀，$P_{油}=P_{套}=0$。

## 【任务实施】在虚拟机上完成司钻法压井操作

### 【操作思路】

（1）排出井内气体。

（2）下压井液，压井。

### 【准备工作】

（1）确保立管管汇处于循环状态。

（2）确保节流管汇处于开启状态。

（3）确保防喷器及远控台处于压井状态（放喷开，压井开，环形，全封，下半封开，上半封关）。

### 【操作步骤】

1. 按【开始】按钮或【开始/结束】按钮，开始本次作业。

2. 打开J2A或J3B。

3. 一人打开节流阀，一人开泵，作业开始。

4. 将泥浆排量快速调整到额定泵冲数（20冲/min左右），开始压井。

5. 排气：

（1）在压井过程中，应通过不断调节节流阀开度大小，使实际套压、油压、井底压力变化尽量平缓，并且井底压力略大于地层压力。

（2）观察井下视图和曲线变化情况，当井内气体全部排出时，关泵，并且将节流阀开度快速关到0。

（3）关闭J2A或J3B。

**操作提示**

可利用节流速度调节旋钮，控制节流阀开度的调节速率。

6. 调整压井泥浆性能，开始压井：

（1）调整泥浆密度至压井需要的密度。

（2）打开J2A或J3B。

（3）一人打开节流阀，一人开泵，开始将压井泥浆打入井内。

（4）将泥浆排量快速调整到额定泵冲数。

（5）观察图形，当压井泥浆通过环空返回到井口后，关泵。

7. 按【结束】按钮或【开始/结束】按钮，结束本次作业。

# 单元2　工程师法压井操作

## 【任务描述】

工程师法压井操作以不变的泵速循环注入加重钻井液。在加重钻井液到达钻头的过程中，调节节流阀使立压由初始循环值下降到终了循环值（加重钻井液低泵冲泵压），使套压值保持不变。当加重钻井液到达钻头后向环空上返过程中，立压值保持不变，套压值逐渐下降。当加重钻井液到达井口时，套压降为零，重建起地层——井眼压力平衡，压井结束。

## 【相关知识】

工程师法压井操作步骤（排除溢流及压井一次完成）:

（1）缓慢启动泵，同时打开节流阀，使套压等于关井时的套压值。当泵速或排量达到选定的压井泵速或压井排量时，保持泵速不变，调节节流阀的开启程度，使立管压力等于初始循环立管压力$P_B$。

（2）压井液由地面到达钻头的这段时间内，通过调节节流阀控制立管压力，由初始立管循环压力逐渐降到终了循环立管压力$P_{Bf}$。

（3）继续循环，压井液在环形空间上返，调节节流阀使立管压力保持终了立管压力$P_{Bf}$不变，当压井液到达地面后，停泵，关闭节流阀。检查套管和立管压力是否为零，若$P_{油}=P_{套}=0$，说明压井成功。

## 【任务实施】在虚拟机上完成工程师法压井操作

### 【操作思路】

（1）控制节流阀开度，控制井口回压。

（2）下压井液，压井。

### 【准备工作】

（1）确保立管管汇处于循环状态。

（2）确保节流管汇处于节流状态。

（3）确保防喷器及远控台处于压井状态（放喷开，压井开，环形，全封，下半封开，上半封关）。

## 【操作步骤】

1. 按【开始】按钮或【开始/结束】按钮，开始本次作业。

2. 打开J2A或J3B。

3. 将泥浆密度调整为压井需要的泥浆密度。

4. 一人打开节流阀，一人开泵，作业开始。

5. 将泥浆排量快速调整到额定泵冲数（20冲/min左右），开始压井。

6. 压井：

（1）在压井过程中，应通过不断调节节流阀开度大小，使实际套压、油压、井底压力变化尽量平缓，并且井底压力略大于地层压力。

（2）观察井下视图和曲线变化情况，当井内气体全部排出时，关泵。

**操作提示**

可利用节流速度调节旋钮，控制节流阀开度的调节速率。

7. 按【结束】按钮或【开始/结束】按钮，结束本次作业。

# 单元3　反循环司钻法压井操作

## 【任务描述】

反循环司钻法是一种用于压井操作的方法。在这种方法中，通过逆向循环的方式将压井液从井口往下注入，以控制井口的压力和稳定井眼，分为准备工作（确定井口情况和地质条件）、设置反循环系统、注入压井液、监控压井过程等步骤。反循环司钻法压井操作需要高超的技术和操作经验，以确保压井过程的安全和有效进行。在实际操作中，工程师和操作人员需要密切配合，严格按照操作规程进行，以确保压井操作的成功。

## 【相关知识】

反循环司钻法压井操作步骤：

第一步：排出溢流

（1）倒好反循环流程。

（2）缓慢开泵：同时开节流阀，保持关井套压不变，使泵速逐渐达到压井泵速，油压达到$P_B$=关井油压+低泵速压力。

（3）保持泵速：调节节流阀，使立压保持初始立管总压力$P_B$，直到原浆返出井口。

在上一过程中，套压因气体膨胀上升，如有可能超限时，可开大节流阀，或使用更小的泵速。

（4）循环结束：停泵，关闭节流阀，观察。此时，立压=套压=关井立压，否则继续循环排污。

第二步：压井

（1）准备好压井液：倒好反循环流程。

（2）缓慢开泵：同时开节流阀，保持套压为上次循环结束值= $P_d$，使泵速达到压井泵速，立压达到PB。

（3）保持泵速：调节节流阀，使油压随重浆下行而缓慢下降，从$P_B$降到$P_{Bf}$（低泵速压力），而此时由于环空中液体无变化，故环空套压为常数。

（4）当总冲数表示重泥浆达到井底时，立压应为$P_{Bf}$，套压为原来的数值。

（5）随着重泥浆上返，环空压井液柱高度增加，套压逐渐减少为零，而油压保持常量。

（6）重浆返至井口，停泵，关闭节流阀，$P_{油}=P_{套}=0$。

## 【任务实施】在虚拟机上完成反循环司钻法压井操作

### 【操作思路】

（1）反循环排出井内气体。

（2）下压井液，反循环压井。

### 【准备工作】

（1）确保立管管汇处于灌浆状态。

（2）确保节流管汇处于节流状态。

（3）确保防喷器及远控台处于压井状态（放喷开，压井开，环形，全封，下半封开，上半封关）。

### 【操作步骤】

1. 按【开始】按钮或【开始/结束】按钮，本次作业开始。

2. 打开J2A或J3B。

3. 一人打开节流阀，一人开泵，作业开始。

4. 将泥浆排量快速调整到额定泵冲数（25冲/min左右），开始压井。

5. 排气：

（1）在压井过程中，应通过不断调节节流阀开度大小，使实际套压、油压、井底压力变化尽量平缓，并且井底压力略大于地层压力。

（2）观察井下视图和曲线变化情况，当井内气体全部排出时，关泵，并且将节流阀快速关到0。

（3）关闭J2A或J3B。

**操作提示**

可利用节流速度调节旋钮，控制节流阀开度的调节速率。

6. 调整压井泥浆性能，开始压井：

（1）调整泥浆密度至压井需要的密度。

（2）打开J2A或J3B。

（3）一人打开节流阀，一人开泵，开始将压井泥浆打入井内。

（4）将泥浆排量快速调整到额定泵冲数。

（5）观察图形，当压井泥浆通过环空返回到井口后，关泵。

7. 按【结束】按钮或【开始/结束】按钮，结束本次作业。

# 单元4　反循环工程师法压井操作

## 【任务描述】

反循环工程师法是一种用于压井操作的特定技术。在这种方法中，工程师需要负责设计和执行反循环压井方案，以确保井口的安全和稳定。它分为评估井口情况、设计压井方案、准备工作（准备反循环系统和相关设备，并进行安全检查和测试）、实施压井操作、监测压井过程等步骤。反循环工程师法压井操作需要工程师具备丰富的技术知识和操作经验，以确保压井过程的安全和有效进行。在实际操作中，工程师需要密切配合操作人员，严格按照操作规程进行，以确保压井操作的成功。

## 【相关知识】

反循环工程师法压井操作步骤（排除溢流及压井一次完成）：

（1）倒好反循环流程，缓慢启动泵，同时打开节流阀，使套压等于关井时的套压值。当泵速或排量达到选定的压井泵速或压井排量时，保持泵速不变，调节节流阀的开启程度，使立管压力等于初始循环立管压力$P_B$。

（2）压井液由地面到达钻头的这段时间内，通过调节节流阀控制立管压力，由初始立管循环压力逐渐降到终了循环立管压力$P_{Bf}$。

（3）继续循环，压井液在环形空间上返，调节节流阀使立管压力保持终了立管压力$P_{Bf}$不变，当压井液到达地面后，停泵，关闭节流阀。检查套管和立管压力是否为零，若$P_{油}=P_{套}=0$，说明压井成功。

## 【任务实施】在虚拟机上完成反循环工程师法压井操作

### 【操作思路】

（1）控制节流阀开度，控制井口回压。

（2）下压井液，反循环压井。

### 【准备工作】

（1）确保立管管汇处于灌浆状态。

（2）确保节流管汇处于节流状态。

（3）确保防喷器及远控台处于压井状态（放喷开，压井开，环形，全封，下半封开，上半封关）。

## 【操作步骤】

1. 按【开始】按钮或【开始/结束】按钮，本次作业开始。

2. 打开J2A或J3B。

3. 将泥浆密度调整为压井需要的泥浆密度。

4. 一人打开节流阀，一人开泵，作业开始。

5. 将泥浆排量快速调整到额定泵冲数（20冲/min左右），开始压井。

6. 压井：

（1）在压井过程中，应通过不断调节节流阀开度大小，使实际套压、油压、井底压力变化尽量平缓，并且井底压力略大于地层压力。

（2）观察井下视图和曲线变化情况，当井内气体全部排出时，关泵。

**操作提示**

可利用节流速度调节旋钮，控制节流阀开度的调节速率。

7. 按【结束】按钮或【开始/结束】按钮，结束本次作业。

# 学习情境四　连续油管作业操作实训

## 学习性工作任务单

| 学习情境四 | 连续油管作业操作实训 | 总学时 | 12学时 |
|---|---|---|---|
| 典型工作过程描述 | 与常规作业方式相比，连续油管作业具有节约成本、简单省时、安全可靠的优点，目前已广泛应用于油田修井、钻井、完井、测井、增产作业中。利用连续油管作业装置可以大幅减少钻机费用和作业时间，与传统的修井作业相比，可节省50%～70%的费用。连续油管与传统的接头油管柱相比，具有节省起下作业管柱的时间、消除上卸单根的繁重劳动、连续灵活地向井下循环工作液、能减小地层损害和安全可靠、利润高、用途更广的优势。目前，连续油管的应用场景主要是修井和挤水泥作业。用于修井时，一半以上用于洗井，包括除砂、除垢、清蜡及清除有机沉淀物 | | |
| 学习目标 | 1. 掌握连续油管作业主要设备的操作<br>2. 掌握起下连续油管的操作<br>3. 掌握连续油管作业典型工艺的操作，如钻磨桥塞作业、冲砂解堵作业、气举诱喷作业等 | | |
| 素质目标 | 熟悉井下作业行业模范人物和模范事迹，树立正确的职业观，筑牢安全生产意识防线，培养吃苦耐劳的品质和爱岗敬业、维护油气井正常生产的新时代石油精神 | | |
| 任务描述 | 连续油管作业现场需要作业人员根据任务要求，按照操作规程及技能要点，安全、有效地完成实训 | | |
| 学时安排 | 任务 | | 学时 |
| | 滚筒操作 | | 1 |
| | 防喷器操作 | | 1 |
| | 防喷盒操作 | | 1 |
| | 注入头操作 | | 1 |
| | 起下连续油管作业 | | 2 |
| | 钻磨桥塞作业 | | 2 |
| | 冲砂解堵作业 | | 2 |
| | 气举诱喷作业 | | 2 |
| 教学安排 | 2学时教学安排一般为：资讯（15 min）→计划（15 min）→决策（15 min）→实施（30 min）→检查（10 min）→评价（5 min）<br>其余学时的教学安排由任课老师参照2学时教学安排并根据实际教学需求进行调整即可 | | |

续表

| 学习情境四 | 连续油管作业操作实训 | 总学时 | 12学时 |
| --- | --- | --- | --- |
| 教学要求 | **学生**：完成课前预习实训作业单，充分利用网络查找有关实训的学习资料，实训过程中穿戴劳保用品，贯彻落实自己不伤害自己、自己不伤害他人、自己不被他人伤害、保护他人不被伤害的“四不伤害”原则和其他安全要求注意事项，严格遵守实训室的各项规章制度<br>**教师**：课前勘察现场环境，准备实训器材；课中根据现场岗位需要，安全有效地完成实训任务，做好随堂评价；课后记录教学反馈 | | |

# 单元1 滚筒操作

## 【任务描述】

滚筒由滚筒平台、滚筒驱动部分、连续油管滚筒（图4-1）和自动排管器组成，其中，连续油管滚筒为钢结构卷筒，两端带有钢制突沿，用以容纳连续油管。滚筒的排管量则取决于其直径大小。

连续油管里端通过滚筒空心轴与安装在轴上的高压旋转接头相接，旋转接头的固定部分可与液体或气体循环泵系统连接，作业中可不中断循环。

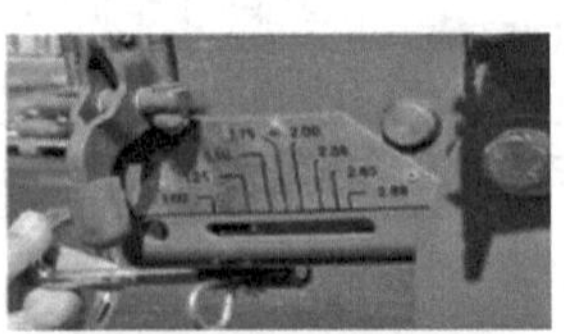

图4-1 连续油管滚筒

## 【相关知识】

滚筒的操作分布在操作台的浅绿色区域，如图4-2所示。其具体操作方法如下：

图4-2　连续油管操作台布局图

（1）滚筒压力的调节取决于发动机是否启动和取力器是否合上，如果其中之一不满足，则调节滚筒压力不会起压。

（2）优先控制压力建压后，才可以操作滚筒上的刹车、排管臂上升/下降、强制排管。

（3）发动机启动，气源有压力才可以操作滚筒润滑。

（4）下管时滚筒提供反张力，滚筒压力调节3 ～ 7 MPa较为合理。

（5）起管时滚筒提供拉力，滚筒压力调节7 ～ 13 MPa较为合理。

## 【任务实施】

在虚拟机上完成滚筒设置及操作。

# 单元2 防喷器操作

## 【任务描述】

防喷器组（图4–3）主要由全封闭闸板（当防喷器内没有连续油管或工具时，实现全封闭关井）、油管剪切闸板（出现意外时，切割连续油管）、半封闸板（封闭井内的连续油管外环形空间）和卡瓦闸板（用于悬挂井内的连续油管柱）组成。

图4–3 防喷器组

## 【相关知识】

防喷器的操作分布在操作台的红色区域，如图4–4所示。其具体操作方法如下：

（1）将防喷器供应打到“开”，且防喷器闸板有压力，防喷器操作才起效，否则操作无效果。

（2）防喷器闸板压力取决于防喷器系统压力，若防喷器系统压力未建压，则防喷器闸板压力不得压，操作防喷器无效。

（3）在防喷器系统压力不供压时，可以通过防喷器应急手泵为防喷器闸板供压。

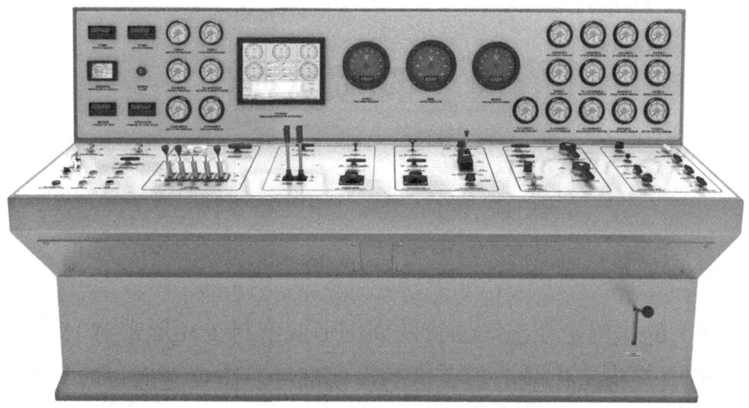

图4–4　连续油管操作台布局图

## 【任务实施】

在虚拟机上完成防喷器设置及操作。

# 单元3 防喷盒操作

## 【任务描述】

防喷盒（图4–5）的作用是在连续油管的周围形成密封（环形密封），同时允许其仍能上下运动，是连续油管实现带压作业的最关键的设备部件。防喷盒通过液力推动密封盘根组件屈胀变形而形成密封，其密封压力大小由液压控制。

图4–5 防喷盒

## 【相关知识】

防喷盒的操作分布在操作台的黑色区域，如图4–6所示。其具体操作方法如下：

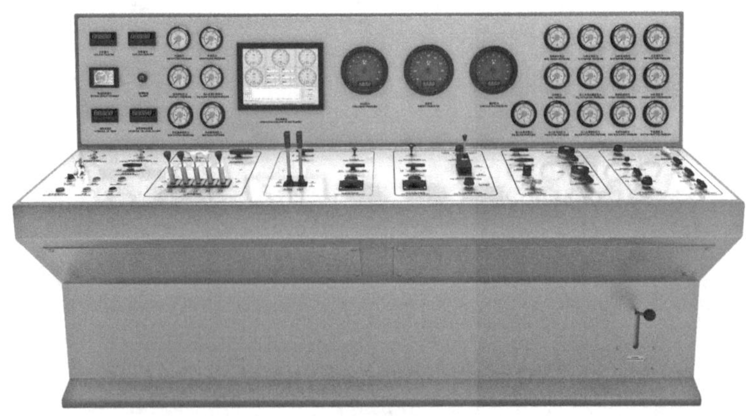

图4–6 连续油管操作台布局图

（1）通过防喷盒选择开关选定防喷盒1#或者防喷盒2#，选择对应防喷盒的压紧、释放开关，然后通过调节防喷盒压力旋钮来对相应防喷盒压力进行调节。

（2）当需要卸压时，将防喷盒卸压旋钮打开即可。

（3）当防喷盒压力低于关井的最小压力时，会出现井涌现象。此时需要调大防喷盒压力关住井。

（4）在需要快速关闭防喷盒时，操作防喷盒快速压紧开关即可关闭防喷盒。

## 【任务实施】

在虚拟机上完成防喷盒设置及操作。

# 单元4 注入头操作

## 【任务描述】

注入头（图4–7）的主要作用是提供足够的动力，起下连续油管并控制其起下速度。通过一套摩擦驱动系统在正、反向分别提供所需的推力和拉力，连续油管夹在两排相对的驱动块凹槽之间，驱动块由一系列的液压磙子向内推以夹紧连续油管，向分子施加的负荷力是利用液缸通过杠杆实现的。

图4–7 注入头

## 【相关知识】

注入头的操作分布在操作台的蓝色和玫红色区域，如图4–8所示。其具体操作方法如下：

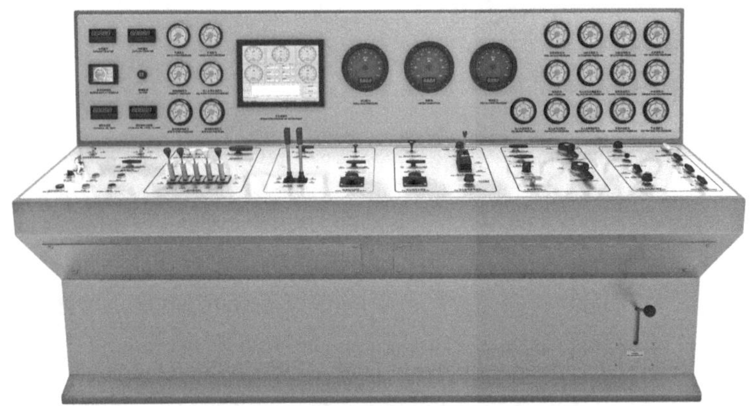

图4–8 连续油管操作台布局图

1. 发动机启动，气源有压力才可以操作注入头润滑。

2. 注入头刹车解除的三个条件：

（1）滚筒刹车打到“解除”位。

（2）注入头刹车打到“自动”位。

（3）注入头马达建立驱动力（注入头方向控制有推/拉，注入头压力调节起压，注入头泵控制压力有压力）。

3. 需要高速起下连续油管时，可将注入头马达控制旋钮调大。

4. 注入头夹紧力调节：

（1）注入头夹紧开关在“夹紧”位。

（2）调节注入头夹紧压力旋钮增大或减小注入头夹紧供油压力。

（3）上、中、下夹紧力开关在“开”位，才可以得到压力，在“关”位将不得压。

（4）注入头夹紧开关在“卸压”位，且上、中、下夹紧力开关在“开”位，则压力降为0。

5. 在紧急情况下，可以将应急夹紧力供应开关打到“开”位，为注入头提供夹紧力。

## 【任务实施】

在虚拟机上完成注入头设置及操作。

# 单元5　起下连续油管操作

## 【任务描述】

操作连续油管操作台（图4–9）模拟起下连续油管操作。

图4–9　连续油管操作台布局图

## 【相关知识】

### 【设备启动步骤】

（1）发动机电源开，按下启动按钮。

（2）取力器打到“合”位。

（3）增加发动机转速至1 200 r/min左右。

（4）系统泵建压，关闭优先控制蓄能器卸压，防喷器、蓄能器卸压。

（5）防喷器闸板全部处于“开”位。

（6）滚筒刹车处于“刹车”位，滚筒控制处于“进”位。

（7）注入头刹车处于“手动”位。

（8）选择1#防喷盒或2#防喷盒，相应防喷盒控制开关处于“压紧”位。

（9）关闭防喷盒排压，调节“防喷盒压力调节”，使防喷盒压力大于5 MPa。

（10）注入头夹紧开关处于“夹紧”位，上、中、下处于“开”位，调节“注入头夹紧力调节”，使注入头夹紧力大于5 MPa。

（11）正确配置参数程序上的设备配置内容。

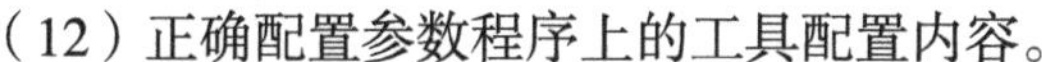

（12）正确配置参数程序上的工具配置内容。

### 【操作步骤】

1. 下放连续油管：

（1）设备启动后，单击参数程序上的【开始作业】按钮开始作业。

（2）将滚筒刹车开关打到“解除”位，调节滚筒压力3～7 MPa。

（3）注入头刹车开关打到“自动”位。

（4）注入头方向控制扳至下管，调节注入头泵排量控制，注入头泵控制压力起压。

（5）根据悬重调节注入头马达压力。

（6）通过以上调节，连续油管获得向下的速度。

2. 起连续油管：

（1）设备启动后，单击参数程序上的【开始作业】按钮开始作业。

（2）将滚筒刹车开关打到“解除”位，调节滚筒压力7～13 MPa。

（3）注入头刹车开关打到“自动”位。

（4）注入头方向控制扳至起管，调节注入头泵排量控制，注入头泵控制压力起压。

（5）根据悬重调节注入头马达压力。

（6）通过以上调节，连续油管获得向上的速度。

## 【任务实施】

在虚拟机上完成起下连续油管操作。

# 单元6 钻磨桥塞作业操作

## 【任务描述】

操作连续油管操作台（图4–10）模拟钻磨桥塞作业操作。

图4–10 连续油管操作台布局图

## 【相关知识】

### 【设备启动步骤】

（1）发动机电源开，按下启动按钮。

（2）取力器打到“合”位。

（3）增加发动机转速至1 200 r/min左右。

（4）系统泵建压，关闭优先控制蓄能器卸压，防喷器、蓄能器卸压。

（5）防喷器闸板全部处于“开”位。

（6）滚筒刹车处于“刹车”位，滚筒控制处于“进”位。

（7）注入头刹车处于“手动”位。

（8）选择1#防喷盒或2#防喷盒，相应防喷盒控制开关处于“压紧”位。

（9）关闭防喷盒排压，调节“防喷盒压力调节”，使防喷盒压力大于5 MPa。

（10）注入头夹紧开关处于“夹紧”位，上、中、下处于“开”位，调节“注入头夹紧力调节”，使注入头夹紧力大于5 MPa。

（11）正确配置参数程序上的设备配置内容。

（12）正确配置参数程序上的工具配置内容。

### 【操作步骤】

（1）设备启动后，单击参数程序上的【开始作业】按钮开始作业。

（2）将滚筒压力调到3～7 MPa，下放连续油管。

（3）下放到桥塞上方，减速，缓慢下放下探桥塞位置，当指重表读数下降时，表示已经触碰桥塞，上提连续油管。

（4）上提距离桥塞位置5 m以上开泵，泵压在合适（排量在400 L/min左右）的情况下以0.5 m/min的速度下放连续油管，进行钻磨桥塞的作业。

（5）钻磨完成后可继续钻磨下一个桥塞。

（6）当钻磨2～3个桥塞后，需注入胶液将桥塞残留在井内的碎屑带出井内。

（7）作业结束。

## 【任务实施】

在虚拟机上完成钻磨桥塞作业操作。

# 单元7 冲砂解堵作业操作

## 【任务描述】

操作连续油管操作台（图4-11）模拟冲砂解堵作业操作。

图4-11 连续油管操作台布局图

## 【相关知识】

### 【设备启动步骤】

（1）发动机电源开，按下启动按钮。

（2）取力器打到“合”位。

（3）增加发动机转速至1 200 r/min左右。

（4）系统泵建压，关闭优先控制蓄能器卸压，防喷器、蓄能器卸压。

（5）防喷器闸板全部处于“开”位。

（6）滚筒刹车处于“刹车”位，滚筒控制处于“进”位。

（7）注入头刹车处于“手动”位。

（8）选择1#防喷盒或2#防喷盒，相应防喷盒控制开关处于“压紧”位。

（9）关闭防喷盒排压，调节“防喷盒压力调节”，使防喷盒压力大于5 MPa。

（10）注入头夹紧开关处于“夹紧”位，上、中、下处于“开”位，调节“注入头夹紧力调节”，使注入头夹紧力大于5 MPa。

（11）正确配置参数程序上的设备配置内容。

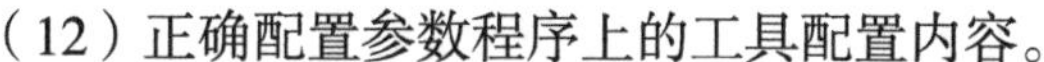
（12）正确配置参数程序上的工具配置内容。

### 【操作步骤】

（1）设备启动后，单击参数程序上的【开始作业】按钮开始作业。

（2）将滚筒压力调到3～7 MPa，下放连续油管。

（3）下放到砂段上方，减速，缓慢下放探砂段位置，当指重表读数下降，表示已经触碰砂段，上提连续油管。

（4）上提10～20 m开泵，注入清洗液。

（5）作业中每隔0.25～0.5 h上下活动连续油管一次。

（6）冲砂至设计要求位置后应大排量继续泵注循环1.5周井筒容积，待反出口液体与泵入液体几乎一致后停泵。

（7）作业结束。

## 【任务实施】

在虚拟机上完成冲砂解堵作业操作。

# 单元8 气举诱喷作业操作

## 【任务描述】

操作连续油管操作台（图4–12）模拟气举诱喷作业操作。

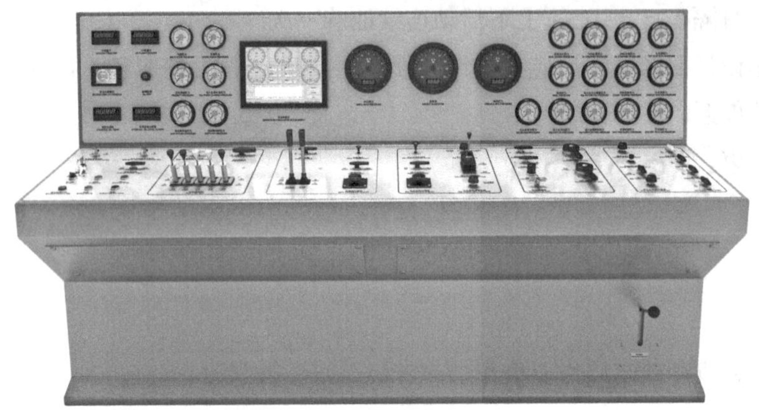

图4–12 连续油管操作台布局图

## 【相关知识】

### 【设备启动步骤】

（1）发动机电源开，按下启动按钮。

（2）取力器打到“合”位。

（3）增加发动机转速至1 200 r/min左右。

（4）系统泵建压，关闭优先控制蓄能器卸压，防喷器、蓄能器卸压。

（5）防喷器闸板全部处于“开”位。

（6）滚筒刹车处于“刹车”位，滚筒控制处于“进”位。

（7）注入头刹车处于“手动”位。

（8）选择1#防喷盒或2#防喷盒，相应防喷盒控制开关处于“压紧”位。

（9）关闭防喷盒排压，调节“防喷盒压力调节”，使防喷盒压力大于5 MPa。

（10）注入头夹紧开关处于“夹紧”位，上、中、下处于“开”位，调节“注入头夹紧力调节”，使注入头夹紧力大于5 MPa。

（11）正确配置参数程序上的设备配置内容。

（12）正确配置参数程序上的工具配置内容。

**【操作步骤】**

（1）设备启动后，单击参数程序上的【开始作业】按钮开始作业。

（2）将滚筒压力调到3～7 MPa，下放连续油管到需要增产段。

（3）打开液氮泵，泵入氮气。

（4）如果不能形成稳定喷势，根据设计要求，加深连续油管气举下入深度，再次气举。

如果第二次气举排出液量大于或接近第一次排出的液量，则不再加深连续油管的作业深度，直到举喷为止。如果第二次气举排出液量远小于第一次排出的液量，则再继续加深连续油管进行气举，直到举喷为止。

（5）如不能举喷，连续油管下至设计最大深度完成氮气排液。

（6）最大气举深度不能超过井内允许最大掏空深度，对于岩性疏松的油气层应控制回压，防止地层垮塌。

（7）作业结束。

## 【任务实施】

在虚拟机上完成气举诱喷作业操作。

# 修井作业配套虚拟仿真实训活页

## 实训 1.1　起下管柱作业

| 班级 | | 姓名 | | 学号 | |
| --- | --- | --- | --- | --- | --- |
| 学习小组 | | 组长 | | 日期 | |
| 任务提出 | 能按照修井作业起下管柱作业规程，按照工序要求完成起下管柱作业 | | | | |
| 素质要求 | 安全生产是企业的生命线，也是我们的首要任务。时刻牢记“安全第一”的准则，严格遵守各项安全规定，确保生产过程中不发生任何事故。同时，加强对安全生产的宣传教育，提高自身的安全意识和自我保护能力<br>石油行业技术含量高，要不断提升自己的职业技能，加强职业技能培训和学习，掌握新技术、新工艺，不断提高自己的综合素质和竞争力。注重学习国内外先进的管理经验和技术知识，完善自己的知识体系 | | | | |
| 任务要求 | 通过本任务的学习，学生应能够掌握起下油管管柱的正确操作规程，正确完成起下管柱的操作 | | | | |
| 知识回顾 | 理论考核<br>（1）修井作业起升系统设备包括哪些<br><br>（2）简述起下管柱的安全注意事项 | | | | |

续表

<table>
<tr><td>任务实施</td><td>技能考核<br>（一）组配油井生产管柱，画出管柱结构示意图，并标注深度<br>（1）根据已知条件，在规定的时间内计算管柱各部件深度，完成管柱组配，画出管柱结构示意图，并标注深度<br>（2）管柱各部件名称、型号、深度标注正确，不考虑油管柱伸长<br>（3）要求写出管柱各部件深度计算过程<br>（4）画出管柱结构示意图时，各部件图必须符合标准<br><br>（二）辨识井下工具<br>在规定时间内，正确辨识井下作业工具（包括名称、型号、用途、结构、工作原理、操作方法和使用注意事项等）<br><br>（三）起下管柱操作<br>在虚拟操作机上完成起下油管作业</td></tr>
<tr><td>任务评价</td><td>评分表<br><table><tr><td>序号</td><td>考核内容</td><td>分值</td><td>学生互评</td><td>教师点评</td><td>存在的问题及感悟</td></tr><tr><td>1</td><td>组配油井生产管柱</td><td>20</td><td></td><td></td><td></td></tr><tr><td>2</td><td>辨识井下工具</td><td>35</td><td></td><td></td><td></td></tr><tr><td>3</td><td>起下管柱操作</td><td>35</td><td></td><td></td><td></td></tr><tr><td>4</td><td>其他情况</td><td>10</td><td></td><td></td><td></td></tr></table></td></tr>
<tr><td>学习反思</td><td>通过本单元的学习，请对自己在课堂及实训过程中的表现进行反思与评价<br>自我反思：____________________<br>____________________<br>____________________<br>____________________<br>自我评价：____________________<br>____________________<br>____________________<br>____________________</td></tr>
</table>

# 实训 1.2 冲砂作业

<table>
<tr><td>班级</td><td></td><td>姓名</td><td></td><td>学号</td><td></td></tr>
<tr><td>学习小组</td><td></td><td>组长</td><td></td><td>日期</td><td></td></tr>
<tr><td>任务提出</td><td colspan="5">能按照修井作业冲砂施工的规程，按工序要求完成冲砂作业</td></tr>
<tr><td>素质要求</td><td colspan="5">安全生产是企业的生命线，也是我们的首要任务。时刻牢记“安全第一”的准则，严格遵守各项安全规定，确保生产过程中不发生任何事故。加强对安全生产的宣传教育，提高自身的安全意识和自我保护能力<br>石油行业技术含量高，要不断提升自己的职业技能，加强职业技能培训和学习，掌握新技术、新工艺，不断提高自己的综合素质和竞争力。注重学习国内外先进的管理经验和技术知识，完善自己的知识体系</td></tr>
<tr><td>任务要求</td><td colspan="5">通过本任务的学习，学生应能够正确掌握冲砂作业的操作规程，正确完成冲砂作业的操作</td></tr>
<tr><td>知识回顾</td><td colspan="5">理论考核<br>（1）简述冲砂作业的几种主要方式<br><br><br>（2）简述探砂面施工的注意事项<br><br><br>（3）简述冲砂作业的注意事项</td></tr>
<tr><td>任务实施</td><td colspan="5">技能考核<br>（1）测量冲砂液的密度<br>使用泥浆密度计测量冲砂液的密度</td></tr>
</table>

续表

<table>
<tr><td>任务实施</td><td>（2）测量冲砂液的黏度<br>使用范氏黏度计测量冲砂液的黏度<br><br>（3）冲砂施工操作<br>在虚拟操作机上完成冲砂施工操作</td></tr>
<tr><td>任务评价</td><td>评分表<br><table><tr><td>序号</td><td>考核内容</td><td>分值</td><td>学生互评</td><td>教师点评</td><td>存在的问题及感悟</td></tr><tr><td>1</td><td>测量冲砂液的密度</td><td>20</td><td></td><td></td><td></td></tr><tr><td>2</td><td>测量冲砂液的黏度</td><td>35</td><td></td><td></td><td></td></tr><tr><td>3</td><td>冲砂施工操作</td><td>35</td><td></td><td></td><td></td></tr><tr><td>4</td><td>其他情况</td><td>10</td><td></td><td></td><td></td></tr></table></td></tr>
<tr><td>学习反思</td><td>通过本单元的学习，请对自己在课堂及实训过程中的表现进行反思与评价<br>自我反思：<br>自我评价：</td></tr>
</table>

# 实训 1.3　铅模打印作业

| 班级 | | 姓名 | | 学号 | |
|---|---|---|---|---|---|
| 学习小组 | | 组长 | | 日期 | |
| 任务提出 | 能按照修井作业铅模打印的规程，按工序要求完成铅模打印作业 | | | | |
| 素质要求 | 安全生产是企业的生命线，也是我们的首要任务。时刻牢记“安全第一”的准则，严格遵守各项安全规定，确保生产过程中不发生任何事故。加强对安全生产的宣传教育，提高自身的安全意识和自我保护能力<br>石油行业技术含量高，要不断提升自己的职业技能，加强职业技能培训和学习，掌握新技术、新工艺，不断提高自己的综合素质和竞争力。注重学习国内外先进的管理经验和技术知识，完善自己的知识体系 | | | | |
| 任务要求 | 通过本任务的学习，学生应能够掌握铅模打印作业的正确操作规程，完成铅模打印作业的操作 | | | | |
| 知识回顾 | 理论考核<br>（1）铅模的结构和工作原理<br><br><br><br>（2）简述常见的落物类型<br><br><br><br>（3）简述硬打印和软打印的区别 | | | | |

续表

<table>
<tr><td>任务实施</td><td>技能考核<br>（1）工具的检查及选用<br>在规定的时间内完成铅模工具的检查及选用<br><br>（2）铅模印痕的描述<br>根据给定印痕的图例，描述表示的落物类型<br><br>（3）铅模打印施工操作<br>在虚拟操作机上完成铅模打印施工操作</td></tr>
<tr><td>任务评价</td><td>评分表<br><table><tr><td>序号</td><td>考核内容</td><td>分值</td><td>学生互评</td><td>教师点评</td><td>存在的问题及感悟</td></tr><tr><td>1</td><td>铅模工具的检查及选用</td><td>20</td><td></td><td></td><td></td></tr><tr><td>2</td><td>铅模印痕的描述</td><td>35</td><td></td><td></td><td></td></tr><tr><td>3</td><td>铅模打印施工操作</td><td>35</td><td></td><td></td><td></td></tr><tr><td>4</td><td>其他情况</td><td>10</td><td></td><td></td><td></td></tr></table></td></tr>
<tr><td>学习反思</td><td>通过本单元的学习，请对自己在课堂及实训过程中的表现进行反思与评价<br>自我反思：________________________________<br>________________________________<br>________________________________<br>自我评价：________________________________<br>________________________________<br>________________________________</td></tr>
</table>

# 实训 1.4　偏心辊子整形打捞

| 班级 | | 姓名 | | 学号 | |
|---|---|---|---|---|---|
| 学习小组 | | 组长 | | 日期 | |
| 任务提出 | 能按照修井作业中偏心辊子整形器的规程，按工序要求完成偏心辊子整形器作业 | | | | |
| 素质要求 | 安全生产是企业的生命线，也是我们的首要任务。时刻牢记“安全第一”的准则，严格遵守各项安全规定，确保生产过程中不发生任何事故。加强对安全生产的宣传教育，提高自身的安全意识和自我保护能力<br>石油行业技术含量高，要不断提升自己的职业技能，加强职业技能培训和学习，掌握新技术、新工艺，不断提高自己的综合素质和竞争力。注重学习国内外先进的管理经验和技术知识，完善自己的知识体系 | | | | |
| 任务要求 | 通过本任务的学习，学生应能够掌握偏心辊子整形作业的正确操作规程，完成偏心辊子整形器的操作 | | | | |
| 知识回顾 | 理论考核<br>（1）简述偏心辊子整形器的结构<br><br><br><br>（2）简述偏心辊子整形器的工作原理<br><br><br><br>（3）简述偏心辊子整形器中辊子尺寸的确定方法 | | | | |

续表

<table>
<tr><td>任务实施</td><td>技能考核<br>（1）工具的检查及选用<br>检查偏心辊子整形器是否与套管尺寸相匹配，各部件是否完好<br><br>（2）绘制草图<br>测量偏心辊子整形器的长度，并绘制草图<br><br>（3）套管刮削作业施工操作<br>在虚拟操作机上完成偏心辊子整形器的施工操作</td></tr>
<tr><td>任务评价</td><td>评分表<br><table><tr><th>序号</th><th>考核内容</th><th>分值</th><th>学生互评</th><th>教师点评</th><th>存在的问题及感悟</th></tr><tr><td>1</td><td>工具检查及选用</td><td>20</td><td></td><td></td><td></td></tr><tr><td>2</td><td>草图绘制</td><td>35</td><td></td><td></td><td></td></tr><tr><td>3</td><td>偏心棍子整形施工操作</td><td>35</td><td></td><td></td><td></td></tr><tr><td>4</td><td>其他情况</td><td>10</td><td></td><td></td><td></td></tr></table></td></tr>
<tr><td>学习反思</td><td>通过本单元的学习，请对自己在课堂及实训过程中的表现进行反思与评价<br>自我反思：____________________<br>____________________<br>____________________<br>自我评价：____________________<br>____________________<br>____________________</td></tr>
</table>

# 实训1.5　可退式捞矛作业

| 班级 | | 姓名 | | 学号 | |
|---|---|---|---|---|---|
| 学习小组 | | 组长 | | 日期 | |
| 任务提出 | 能按照修井作业可退式捞矛作业的规程，按工序要求完成可退式捞矛作业 | | | | |
| 素质要求 | 安全生产是企业的生命线，也是我们的首要任务。时刻牢记“安全第一”的准则，严格遵守各项安全规定，确保生产过程中不发生任何事故。加强对安全生产的宣传教育，提高自身的安全意识和自我保护能力<br>石油行业技术含量高，要不断提升自己的职业技能，加强职业技能培训和学习，掌握新技术、新工艺，不断提高自己的综合素质和竞争力。注重学习国内外先进的管理经验和技术知识，完善自己的知识体系 | | | | |
| 任务要求 | 通过本任务的学习，学生应能够掌握可退式捞矛作业的正确操作规程，完成可退式捞矛作业的操作 | | | | |
| 知识回顾 | 理论考核<br>（1）简述可退式捞矛的结构<br><br><br><br>（2）简述可退式捞矛的工作原理<br><br><br><br>（3）简述使用可退式捞矛的注意事项 | | | | |

续表

<table>
<tr><td>任务实施</td><td>技能考核<br>（1）工具的检查及选用<br>检查可退式捞矛是否与井内落鱼尺寸相匹配，各部件是否完好，卡瓦是否好用<br><br>（2）绘制草图<br>测量可退式捞矛的长度，并绘制草图<br><br>（3）可退式捞矛打捞施工操作<br>在虚拟操作机上完成可退式捞矛打捞施工操作</td></tr>
<tr><td>任务评价</td><td>评分表<br><table>
<tr><th>序号</th><th>考核内容</th><th>分值</th><th>学生互评</th><th>教师点评</th><th>存在的问题及感悟</th></tr>
<tr><td>1</td><td>工具的检查及选用</td><td>20</td><td></td><td></td><td></td></tr>
<tr><td>2</td><td>绘制草图</td><td>35</td><td></td><td></td><td></td></tr>
<tr><td>3</td><td>可退式捞矛打捞操作</td><td>35</td><td></td><td></td><td></td></tr>
<tr><td>4</td><td>其他情况</td><td>10</td><td></td><td></td><td></td></tr>
</table></td></tr>
<tr><td>学习反思</td><td>通过本单元的学习，请对自己在课堂及实训过程中的表现进行反思与评价<br>自我反思：______<br>______<br>______<br>自我评价：______<br>______<br>______</td></tr>
</table>

# 实训1.6　滑块捞矛作业

| 班级 | | 姓名 | | 学号 | |
|---|---|---|---|---|---|
| 学习小组 | | 组长 | | 日期 | |
| 任务提出 | 能按照修井作业滑块捞矛作业的规程，按工序要求完成滑块捞矛作业施工 | | | | |
| 素质要求 | 安全生产是企业的生命线，也是我们的首要任务。时刻牢记“安全第一”的准则，严格遵守各项安全规定，确保生产过程中不发生任何事故。加强对安全生产的宣传教育，提高自身的安全意识和自我保护能力<br>石油行业技术含量高，要不断提升自己的职业技能，加强职业技能培训和学习，掌握新技术、新工艺，不断提高自己的综合素质和竞争力。注重学习国内外先进的管理经验和技术知识，完善自己的知识体系 | | | | |
| 任务要求 | 通过本任务的学习，学生应能够正确掌握滑块捞矛作业的操作规程，正确完成滑块捞矛作业的操作 | | | | |
| 知识回顾 | 理论考核<br>（1）简述滑块捞矛的结构<br><br>（2）简述滑块捞矛的工作原理<br><br>（3）简述使用滑块捞矛的注意事项 | | | | |
| 任务实施 | 技能考核<br>（1）工具的检查及选用<br>检查滑块捞矛是否与井内落鱼尺寸相匹配，各部件是否完好，卡瓦是否好用 | | | | |

续表

<table>
<tr><td>任务实施</td><td>（2）绘制草图<br>测量滑块捞矛的长度，并绘制草图<br><br>（3）滑块捞矛打捞施工操作<br>在虚拟操作机上完成滑块捞矛打捞施工操作</td></tr>
<tr><td>任务评价</td><td>评分表<br><table>
<tr><td>序号</td><td>考核内容</td><td>分值</td><td>学生互评</td><td>教师点评</td><td>存在的问题及感悟</td></tr>
<tr><td>1</td><td>工具的检查及选用</td><td>20</td><td></td><td></td><td></td></tr>
<tr><td>2</td><td>绘制草图</td><td>35</td><td></td><td></td><td></td></tr>
<tr><td>3</td><td>滑块捞矛打捞操作</td><td>35</td><td></td><td></td><td></td></tr>
<tr><td>4</td><td>其他情况</td><td>10</td><td></td><td></td><td></td></tr>
</table></td></tr>
<tr><td>学习反思</td><td>通过本单元的学习，请对自己在课堂及实训过程中的表现进行反思与评价<br><br>自我反思：______________________________<br>______________________________<br>______________________________<br><br>自我评价：______________________________<br>______________________________<br>______________________________</td></tr>
</table>

# 实训 1.7　测卡点作业

| 班级 | | 姓名 | | 学号 | |
|---|---|---|---|---|---|
| 学习小组 | | 组长 | | 日期 | |
| 任务提出 | 能按照修井作业测卡点作业的规程，按工序要求完成测卡点作业施工 | | | | |
| 素质要求 | 安全生产是企业的生命线，也是我们的首要任务。时刻牢记“安全第一”的准则，严格遵守各项安全规定，确保生产过程中不发生任何事故。加强对安全生产的宣传教育，提高自身的安全意识和自我保护能力<br>石油行业技术含量高，要不断提升自己的职业技能，加强职业技能培训和学习，掌握新技术、新工艺，不断提高自己的综合素质和竞争力。注重学习国内外先进的管理经验和技术知识，完善自己的知识体系 | | | | |
| 任务要求 | 通过本任务的学习，学生应能够掌握测卡点作业的正确操作规程，完成测卡点作业的操作 | | | | |
| 知识回顾 | 理论考核<br>（1）简述测卡点的方法<br><br><br><br>（2）简述测卡点作业的意义<br><br><br><br>（3）简述测卡仪的特点 | | | | |
| 任务实施 | 技能考核<br>（1）计算法测卡点<br>根据已知条件，用经验公式计算某井卡点的位置 | | | | |

续表

<table>
<tr><td>任务实施</td><td>（2）测卡仪测卡点<br>口述测卡仪测卡点的操作步骤及规范要求<br><br>（3）测卡点作业施工操作<br>在虚拟操作机上完成测卡点作业施工操作</td></tr>
<tr><td>任务评价</td><td>评分表<br><table><tr><td>序号</td><td>考核内容</td><td>分值</td><td>学生互评</td><td>教师点评</td><td>存在的问题及感悟</td></tr><tr><td>1</td><td>计算法测卡点</td><td>20</td><td></td><td></td><td></td></tr><tr><td>2</td><td>测卡仪测卡点</td><td>35</td><td></td><td></td><td></td></tr><tr><td>3</td><td>测卡点作业施工操作</td><td>35</td><td></td><td></td><td></td></tr><tr><td>4</td><td>其他情况</td><td>10</td><td></td><td></td><td></td></tr></table></td></tr>
<tr><td>学习反思</td><td>通过本单元的学习，请对自己在课堂及实训过程中的表现进行反思与评价<br>自我反思：____________________<br>____________________<br>____________________<br>自我评价：____________________<br>____________________<br>____________________</td></tr>
</table>

# 实训1.8　套管刮削作业

| 班级 | | 姓名 | | 学号 | |
|---|---|---|---|---|---|
| 学习小组 | | 组长 | | 日期 | |
| 任务提出 | 能按照修井作业套管刮削作业的规程，按工序要求完成套管刮削作业施工 | | | | |
| 素质要求 | 安全生产是企业的生命线，也是我们的首要任务。时刻牢记“安全第一”的准则，严格遵守各项安全规定，确保生产过程中不发生任何事故。加强对安全生产的宣传教育，提高自身的安全意识和自我保护能力<br>石油行业技术含量高，要不断提升自己的职业技能，加强职业技能培训和学习，掌握新技术、新工艺，不断提高自己的综合素质和竞争力。注重学习国内外先进的管理经验和技术知识，完善自己的知识体系 | | | | |
| 任务要求 | 通过本任务的学习，学生应能够掌握套管刮削作业的正确操作规程，正确完成套管刮削作业的操作 | | | | |
| 知识回顾 | 理论考核<br>（1）套管刮削器的类型和结构<br><br>（2）简述套管刮削器的使用目的和工作原理<br><br>（3）简述套管刮削器操作时的注意事项 | | | | |
| 任务实施 | 技能考核<br>（1）工具的检查及选用<br>检查套管刮削器是否与套管尺寸相匹配，各部件是否完好 | | | | |

续表

<table>
<tr><td>任务实施</td><td>（2）绘制草图<br>测量套管刮削器的长度，并绘制草图<br><br>（3）套管刮削作业施工操作<br>在虚拟操作机上完成套管刮削作业施工操作</td></tr>
<tr><td>任务评价</td><td>评分表
<table>
<tr><th>序号</th><th>考核内容</th><th>分值</th><th>学生互评</th><th>教师点评</th><th>存在的问题及感悟</th></tr>
<tr><td>1</td><td>工具的检查及选用</td><td>20</td><td></td><td></td><td></td></tr>
<tr><td>2</td><td>绘制草图</td><td>35</td><td></td><td></td><td></td></tr>
<tr><td>3</td><td>套管刮削作业施工操作</td><td>35</td><td></td><td></td><td></td></tr>
<tr><td>4</td><td>其他情况</td><td>10</td><td></td><td></td><td></td></tr>
</table></td></tr>
<tr><td>学习反思</td><td>通过本单元的学习，请对自己在课堂及实训过程中的表现进行反思与评价<br><br>自我反思：______________________<br><br>______________________<br><br>______________________<br><br>自我评价：______________________<br><br>______________________<br><br>______________________</td></tr>
</table>

# 实训1.9　油管传输射孔作业

<table>
<tr><td>班级</td><td></td><td>姓名</td><td></td><td>学号</td><td></td></tr>
<tr><td>学习小组</td><td></td><td>组长</td><td></td><td>日期</td><td></td></tr>
<tr><td>任务提出</td><td colspan="5">能按照修井作业中油管传输射孔作业的规程，按工序要求完成油管传输射孔作业施工</td></tr>
<tr><td>素质要求</td><td colspan="5">安全生产是企业的生命线，也是我们的首要任务。时刻牢记“安全第一”的准则，严格遵守各项安全规定，确保生产过程中不发生任何事故。加强对安全生产的宣传教育，提高自身的安全意识和自我保护能力<br>石油行业技术含量高，要不断提升自己的职业技能，加强职业技能培训和学习，掌握新技术、新工艺，不断提高自己的综合素质和竞争力。注重学习国内外先进的管理经验和技术知识，完善自己的知识体系</td></tr>
<tr><td>任务要求</td><td colspan="5">通过本任务的学习，学生应能够掌握油管传输射孔作业的正确操作规程，完成油管传输射孔作业的操作</td></tr>
<tr><td>知识回顾</td><td colspan="5">理论考核<br>（1）简述油管传输射孔作业的工艺原理<br><br>（2）简述油管传输射孔作业的特点<br><br>（3）简述油管传输射孔作业的工艺流程</td></tr>
</table>

续表

<table>
<tr><td>任务实施</td><td>技能考核<br>填写油管传输射孔作业操作工序及注意点</td></tr>
<tr><td>任务评价</td><td>评分表<br>
<table>
<tr><td>序号</td><td>考核内容</td><td>分值</td><td>学生互评</td><td>教师点评</td><td>存在的问题及感悟</td></tr>
<tr><td>1</td><td>工具的检查及选用</td><td>20</td><td></td><td></td><td></td></tr>
<tr><td>2</td><td>绘制草图</td><td>35</td><td></td><td></td><td></td></tr>
<tr><td>3</td><td>套管刮削作业施工操作</td><td>35</td><td></td><td></td><td></td></tr>
<tr><td>4</td><td>其他情况</td><td>10</td><td></td><td></td><td></td></tr>
</table></td></tr>
<tr><td>学习反思</td><td>通过本单元的学习，请对自己在课堂及实训过程中的表现进行反思与评价<br>自我反思：<br>自我评价：</td></tr>
</table>

# 实训2.1　起油管溢流关井作业

| 班级 | | 姓名 | | 学号 | |
|---|---|---|---|---|---|
| 学习小组 | | 组长 | | 日期 | |
| 任务提出 | 能够根据起油管发生溢流关井施工程序分岗位实施关井操作 | | | | |
| 素质要求 | 在油气勘探中，井控工作的作用至关重要。修井过程中发生溢流后能够快速、正确地实施关井操作是保证钻修井安全的一个重要保障。工作中，作业人员需掌握不同工况下的关井工序及安全注意事项。作为大学生，要从现在开始培养爱岗敬业、一丝不苟、认真负责的工作作风 | | | | |
| 任务要求 | 通过本任务的学习，学生应能够正确地按照起油管发生溢流关井施工程序完成关井操作 | | | | |
| 知识回顾 | 理论考核<br>（1）起油管溢流的直接显示和间接显示有哪些<br>（2）简述起油管发生溢流后各岗位的关井操作工序<br>（3）为什么起油管容易造成溢流 | | | | |

续表

<table>
<tr><td>任务实施</td><td>技能考核<br>填写起油管溢流操作工序及注意点</td></tr>
<tr><td>任务评价</td><td>评分表<br>
<table>
<tr><td>序号</td><td>考核内容</td><td>分值</td><td>学生互评</td><td>教师点评</td><td>存在的问题及感悟</td></tr>
<tr><td>1</td><td>起油管速度</td><td>20</td><td></td><td></td><td></td></tr>
<tr><td>2</td><td>关井工序</td><td>35</td><td></td><td></td><td></td></tr>
<tr><td>3</td><td>发生溢流后关井时间</td><td>35</td><td></td><td></td><td></td></tr>
<tr><td>4</td><td>其他情况</td><td>10</td><td></td><td></td><td></td></tr>
</table></td></tr>
<tr><td>学习反思</td><td>通过本单元的学习，请对自己在课堂及实训过程中的表现进行反思与评价<br><br>自我反思：________________<br>________________<br>________________<br>________________<br><br>自我评价：________________<br>________________<br>________________<br>________________</td></tr>
</table>

# 实训2.2　旋转溢流关井作业

| 班级 | | 姓名 | | 学号 | |
|---|---|---|---|---|---|
| 学习小组 | | 组长 | | 日期 | |
| 任务提出 | 能够根据旋转溢流关井施工程序分岗位实施关井操作 | | | | |
| 素质要求 | 在油气勘探中，井控工作的作用至关重要。修井过程中发生溢流后能够快速、正确地实施关井操作是保证钻修井安全的一个重要保障。工作中，作业人员需掌握不同工况下的关井工序及安全注意事项。作为大学生，要从现在开始培养爱岗敬业、一丝不苟、认真负责的工作作风 | | | | |
| 任务要求 | 通过本任务的学习，学生应能够正确地按照旋转发生溢流关井施工程序完成关井操作 | | | | |
| 知识回顾 | 理论考核<br>（1）旋转溢流的直接显示和间接显示有哪些<br><br><br><br>（2）简述旋转发生溢流后各岗位的关井操作工序<br><br><br><br>（3）旋转溢流的工况主要有哪些 | | | | |

续表

<table>
<tr><td>任务实施</td><td>技能考核<br>填写旋转溢流操作工序及注意点</td></tr>
<tr><td>任务评价</td><td>评分表<br><table><tr><td>序号</td><td>考核内容</td><td>分值</td><td>学生互评</td><td>教师点评</td><td>存在的问题及感悟</td></tr><tr><td>1</td><td>钻压控制</td><td>20</td><td></td><td></td><td></td></tr><tr><td>2</td><td>关井工序</td><td>35</td><td></td><td></td><td></td></tr><tr><td>3</td><td>发生溢流后关井时间</td><td>35</td><td></td><td></td><td></td></tr><tr><td>4</td><td>其他情况</td><td>10</td><td></td><td></td><td></td></tr></table></td></tr>
<tr><td>学习反思</td><td>通过本单元的学习，请对自己在课堂及实训过程中的表现进行反思与评价<br>自我反思:<br>自我评价:</td></tr>
</table>

# 实训2.3　电缆射孔溢流关井作业

| 班级 | | 姓名 | | 学号 | |
|---|---|---|---|---|---|
| 学习小组 | | 组长 | | 日期 | |
| 任务提出 | 能够根据电缆射孔溢流关井施工程序分岗位实施关井操作 | | | | |
| 素质要求 | 在油气勘探中，井控工作的作用至关重要。修井过程中发生溢流后能够快速、正确地实施关井操作是保证钻修井安全的一个重要保障。工作中，作业人员需掌握不同工况下的关井工序及安全注意事项。作为大学生，要从现在开始培养爱岗敬业、一丝不苟、认真负责的工作作风 | | | | |
| 任务要求 | 通过本任务的学习，学生应能够正确地按照电缆射孔溢流关井施工程序完成关井操作 | | | | |
| 知识回顾 | 理论考核<br>（1）电缆射孔溢流的直接显示和间接显示有哪些<br><br><br><br>（2）简述电缆射孔发生溢流后各岗位的关井操作工序<br><br><br><br>（3）电缆射孔溢流的危害有哪些 | | | | |

续表

<table>
<tr><td>任务实施</td><td>技能考核<br>填写电缆射孔溢流关井操作工序及注意点</td></tr>
<tr><td>任务评价</td><td>评分表<br><table><tr><th>序号</th><th>考核内容</th><th>分值</th><th>学生互评</th><th>教师点评</th><th>存在的问题及感悟</th></tr><tr><td>1</td><td>起下射孔枪速度</td><td>20</td><td></td><td></td><td></td></tr><tr><td>2</td><td>关井工序</td><td>35</td><td></td><td></td><td></td></tr><tr><td>3</td><td>发生溢流后关井时间</td><td>35</td><td></td><td></td><td></td></tr><tr><td>4</td><td>其他情况</td><td>10</td><td></td><td></td><td></td></tr></table></td></tr>
<tr><td>学习反思</td><td>通过本单元的学习，请对自己在课堂及实训过程中的表现进行反思与评价<br>自我反思：<br><br>自我评价：</td></tr>
</table>

# 实训2.4　空井溢流关井作业

<table>
<tr><td>班级</td><td></td><td>姓名</td><td></td><td>学号</td><td></td></tr>
<tr><td>学习小组</td><td></td><td>组长</td><td></td><td>日期</td><td></td></tr>
<tr><td>任务提出</td><td colspan="5">能够根据空井关井施工程序分岗位实施关井操作</td></tr>
<tr><td>素质要求</td><td colspan="5">在油气勘探中，井控工作的作用至关重要。修井过程中发生溢流后能够快速、正确地实施关井操作是保证钻修井安全的一个重要保障。工作中，作业人员需掌握不同工况下的关井工序及安全注意事项。作为大学生，要从现在开始培养爱岗敬业、一丝不苟、认真负责的工作作风</td></tr>
<tr><td>任务要求</td><td colspan="5">通过本任务的学习，学生应能够正确地按照空井溢流关井施工程序完成关井操作</td></tr>
<tr><td>知识回顾</td><td colspan="5">理论考核<br>（1）空井溢流的直接显示和间接显示有哪些<br><br><br><br>（2）简述空井发生溢流后各岗位的关井操作工序<br><br><br><br>（3）空井溢流的危害有哪些</td></tr>
</table>

续表

<table>
<tr><td>任务实施</td><td>技能考核<br>填写空井溢流关井操作工序及注意点</td></tr>
<tr><td>任务评价</td><td>评分表<br><table><tr><td>序号</td><td>考核内容</td><td>分值</td><td>学生互评</td><td>教师点评</td><td>存在的问题及感悟</td></tr><tr><td>1</td><td>溢流显示</td><td>20</td><td></td><td></td><td></td></tr><tr><td>2</td><td>关井工序</td><td>35</td><td></td><td></td><td></td></tr><tr><td>3</td><td>发生溢流后关井时间</td><td>35</td><td></td><td></td><td></td></tr><tr><td>4</td><td>其他情况</td><td>10</td><td></td><td></td><td></td></tr></table></td></tr>
<tr><td>学习反思</td><td>通过本单元的学习，请对自己在课堂及实训过程中的表现进行反思与评价<br>自我反思：________________<br>________________<br>________________<br>________________<br>自我评价：________________<br>________________<br>________________<br>________________</td></tr>
</table>

# 实训2.5 起大直径工具溢流关井作业

| 班级 | | 姓名 | | 学号 | |
|---|---|---|---|---|---|
| 学习小组 | | 组长 | | 日期 | |
| 任务提出 | 能够根据起大直径工具溢流关井施工程序分岗位实施关井操作 | | | | |
| 素质要求 | 在油气勘探中，井控工作的作用至关重要。修井过程中发生溢流后能够快速、正确地实施关井操作是保证钻修井安全的一个重要保障。工作中，作业人员需掌握不同工况下的关井工序及安全注意事项。作为大学生，要从现在开始培养爱岗敬业、一丝不苟、认真负责的工作作风 | | | | |
| 任务要求 | 通过本任务的学习，学生应能够正确地按照起大直径工具溢流关井施工程序完成关井操作 | | | | |
| 知识回顾 | 理论考核<br>（1）起大直径工具溢流关井，其中溢流的直接显示和间接显示有哪些<br><br><br>（2）简述发生起大直径工具溢流后各岗位的关井操作工序<br><br><br>（3）起大直径工具防止溢流的规定有哪些 | | | | |

续表

<table>
<tr><td>任务实施</td><td>技能考核<br>填写起大直径工具溢流关井操作工序及注意点</td></tr>
<tr><td>任务评价</td><td>评分表<br><table><tr><th>序号</th><th>考核内容</th><th>分值</th><th>学生互评</th><th>教师点评</th><th>存在的问题及感悟</th></tr><tr><td>1</td><td>溢流显示</td><td>20</td><td></td><td></td><td></td></tr><tr><td>2</td><td>关井工序</td><td>35</td><td></td><td></td><td></td></tr><tr><td>3</td><td>发生溢流后关井时间</td><td>35</td><td></td><td></td><td></td></tr><tr><td>4</td><td>其他情况</td><td>10</td><td></td><td></td><td></td></tr></table></td></tr>
<tr><td>学习反思</td><td>通过本单元的学习，请对自己在课堂及实训过程中的表现进行反思与评价<br>自我反思：____________<br>____________<br>____________<br>____________<br>自我评价：____________<br>____________<br>____________<br>____________</td></tr>
</table>

# 实训2.6　拆换井口溢流关井作业

| 班级 | | 姓名 | | 学号 | |
|---|---|---|---|---|---|
| 学习小组 | | 组长 | | 日期 | |
| 任务提出 | 能够根据拆换井口溢流关井施工程序分岗位实施关井操作 | | | | |
| 素质要求 | 在油气勘探中，井控工作的作用至关重要。修井过程中发生溢流后能够快速、正确地实施关井操作是保证钻修井安全的一个重要保障。工作中，作业人员需掌握不同工况下的关井工序及安全注意事项。作为大学生，要从现在开始培养爱岗敬业、一丝不苟、认真负责的工作作风 | | | | |
| 任务要求 | 通过本任务的学习，学生应能够正确地按照拆换井口溢流关井施工程序完成关井操作 | | | | |
| 知识回顾 | 理论考核<br>（1）拆换井口溢流关井，其中溢流的直接显示和间接显示有哪些<br><br><br>（2）简述发生拆换井口溢流后各岗位的关井操作工序<br><br><br>（3）拆换井口防止溢流的规定有哪些 | | | | |

续表

**任务实施**

技能考核

填写拆换井口溢流关井操作工序及注意点

**任务评价**

评分表

| 序号 | 考核内容 | 分值 | 学生互评 | 教师点评 | 存在的问题及感悟 |
| --- | --- | --- | --- | --- | --- |
| 1 | 溢流显示 | 20 | | | |
| 2 | 关井工序 | 35 | | | |
| 3 | 发生溢流后关井时间 | 35 | | | |
| 4 | 其他情况 | 10 | | | |

**学习反思**

通过本单元的学习，请对自己在课堂及实训过程中的表现进行反思与评价

自我反思：________________________________________

________________________________________

________________________________________

________________________________________

自我评价：________________________________________

________________________________________

________________________________________

________________________________________

# 实训2.7　无钻台起下油管溢流关井作业

| 班级 | | 姓名 | | 学号 | |
|---|---|---|---|---|---|
| 学习小组 | | 组长 | | 日期 | |
| 任务提出 | 能够根据无钻台起下油管溢流关井施工程序分岗位实施关井操作 | | | | |
| 素质要求 | 在油气勘探中，井控工作的作用至关重要。修井过程中发生溢流后能够快速、正确地实施关井操作是保证钻修井安全的一个重要保障。工作中，作业人员需掌握不同工况下的关井工序及安全注意事项。作为大学生，要从现在开始培养爱岗敬业、一丝不苟、认真负责的工作作风 | | | | |
| 任务要求 | 通过本任务的学习，学生应能够正确地按照无钻台起下油管溢流关井施工程序完成关井操作 | | | | |
| 知识回顾 | 理论考核<br>(1) 无钻台起下油管溢流关井，其中溢流的直接显示和间接显示有哪些<br><br>(2) 简述发生无钻台起下油管溢流后各岗位的关井操作工序<br><br>(3) 无钻台起下油管防止溢流的规定有哪些 | | | | |

续表

<table>
<tr><td>任务实施</td><td>技能考核<br>填写无钻台起下油管溢流关井操作工序及注意点</td></tr>
<tr><td>任务评价</td><td>

评分表

| 序号 | 考核内容 | 分值 | 学生互评 | 教师点评 | 存在的问题及感悟 |
|---|---|---|---|---|---|
| 1 | 溢流显示 | 20 | | | |
| 2 | 关井工序 | 35 | | | |
| 3 | 发生溢流后关井时间 | 35 | | | |
| 4 | 其他情况 | 10 | | | |

</td></tr>
<tr><td>学习反思</td><td>通过本单元的学习，请对自己在课堂及实训过程中的表现进行反思与评价<br>自我反思:<br>自我评价:</td></tr>
</table>

# 实训2.8　无钻台旋转溢流关井作业

| 班级 | | 姓名 | | 学号 | |
|---|---|---|---|---|---|
| 学习小组 | | 组长 | | 日期 | |
| 任务提出 | 能够根据无钻台旋转溢流关井施工程序分岗位实施关井操作 | | | | |
| 素质要求 | 在油气勘探中，井控工作的作用至关重要。修井过程中发生溢流后能够快速、正确地实施关井操作是保证钻修井安全的一个重要保障。工作中，作业人员需掌握不同工况下的关井工序及安全注意事项。作为大学生，要从现在开始培养爱岗敬业、一丝不苟、认真负责的工作作风 | | | | |
| 任务要求 | 通过本任务的学习，学生应能够正确地按照无钻台旋转溢流关井施工程序完成关井操作 | | | | |
| 知识回顾 | 理论考核<br>（1）无钻台旋转溢流关井，其中溢流的直接显示和间接显示有哪些<br><br><br><br>（2）简述发生无钻台旋转溢流后各岗位的关井操作工序<br><br><br><br>（3）无钻台旋转防止溢流的规定有哪些 | | | | |

续表

<table>
<tr><td>任务实施</td><td>技能考核<br>填写无钻台旋转溢流关井操作工序及注意点</td></tr>
<tr><td>任务评价</td><td>

评分表

| 序号 | 考核内容 | 分值 | 学生互评 | 教师点评 | 存在的问题及感悟 |
|---|---|---|---|---|---|
| 1 | 溢流显示 | 20 | | | |
| 2 | 关井工序 | 35 | | | |
| 3 | 发生溢流后关井时间 | 35 | | | |
| 4 | 其他情况 | 10 | | | |

</td></tr>
<tr><td>学习反思</td><td>通过本单元的学习，请对自己在课堂及实训过程中的表现进行反思与评价<br><br>自我反思:____________________<br><br>自我评价:____________________</td></tr>
</table>

# 实训2.9　无钻台起下油管溢流关井作业

| 班级 | | 姓名 | | 学号 | |
|---|---|---|---|---|---|
| 学习小组 | | 组长 | | 日期 | |
| 任务提出 | 能够根据无钻台起下油管溢流关井施工程序分岗位实施关井操作 | | | | |
| 素质要求 | 在油气勘探中，井控工作的作用至关重要。修井过程中发生溢流后能够快速、正确地实施关井操作是保证钻修井安全的一个重要保障。工作中，作业人员需掌握不同工况下的关井工序及安全注意事项。作为大学生，要从现在开始培养爱岗敬业、一丝不苟、认真负责的工作作风 | | | | |
| 任务要求 | 通过本任务的学习，学生应能够正确地按照无钻台起下油管溢流关井施工程序完成关井操作 | | | | |
| 知识回顾 | 理论考核<br>（1）无钻台起下油管溢流关井，其中溢流的直接显示和间接显示有哪些<br><br><br><br>（2）简述发生无钻台起下油管溢流后各岗位的关井操作工序<br><br><br><br>（3）无钻台起下油管防止溢流的规定有哪些 | | | | |

续表

<table>
<tr><td>任务实施</td><td>技能考核<br>填写无钻台起下油管溢流关井操作工序及注意点</td></tr>
<tr><td>任务评价</td><td>评分表<br>

| 序号 | 考核内容 | 分值 | 学生互评 | 教师点评 | 存在的问题及感悟 |
|---|---|---|---|---|---|
| 1 | 溢流显示 | 20 | | | |
| 2 | 关井工序 | 35 | | | |
| 3 | 发生溢流后关井时间 | 35 | | | |
| 4 | 其他情况 | 10 | | | |

</td></tr>
<tr><td>学习反思</td><td>通过本单元的学习，请对自己在课堂及实训过程中的表现进行反思与评价<br>自我反思：<br>自我评价：</td></tr>
</table>

# 实训2.10　无钻台起大直径管柱溢流关井作业

| 班级 | | 姓名 | | 学号 | |
|---|---|---|---|---|---|
| 学习小组 | | 组长 | | 日期 | |
| 任务提出 | 能够根据无钻台起大直径管柱溢流关井施工程序分岗位实施关井操作 | | | | |
| 素质要求 | 在油气勘探中，井控工作的作用至关重要。修井过程中发生溢流后能够快速、正确地实施关井操作是保证钻修井安全的一个重要保障。工作中，作业人员需掌握不同工况下的关井工序及安全注意事项。作为大学生，要从现在开始培养爱岗敬业、一丝不苟、认真负责的工作作风 | | | | |
| 任务要求 | 通过本任务的学习，学生应能够正确地按照无钻台起大直径管柱溢流关井施工程序完成关井操作 | | | | |
| 知识回顾 | 理论考核<br>（1）无钻台起大直径管柱溢流关井，其中溢流的直接显示和间接显示有哪些<br><br><br><br>（2）简述发生无钻台起大直径管柱溢流后各岗位的关井操作工序<br><br><br><br>（3）无钻台起大直径管柱防止溢流的规定有哪些 | | | | |

续表

<table>
<tr><td>任务实施</td><td>技能考核<br>填写无钻台起大直径管柱溢流关井操作工序及注意点</td></tr>
<tr><td>任务评价</td><td>评分表<br><table><tr><th>序号</th><th>考核内容</th><th>分值</th><th>学生互评</th><th>教师点评</th><th>存在的问题及感悟</th></tr><tr><td>1</td><td>溢流显示</td><td>20</td><td></td><td></td><td></td></tr><tr><td>2</td><td>关井工序</td><td>35</td><td></td><td></td><td></td></tr><tr><td>3</td><td>发生溢流后关井时间</td><td>35</td><td></td><td></td><td></td></tr><tr><td>4</td><td>其他情况</td><td>10</td><td></td><td></td><td></td></tr></table></td></tr>
<tr><td>学习反思</td><td>通过本单元的学习，请对自己在课堂及实训过程中的表现进行反思与评价<br>自我反思：<br><br>自我评价：</td></tr>
</table>

# 实训2.11　无钻台电缆射孔溢流关井作业

| 班级 | | 姓名 | | 学号 | |
|---|---|---|---|---|---|
| 学习小组 | | 组长 | | 日期 | |
| 任务提出 | 能够根据无钻台电缆射孔溢流关井施工程序分岗位实施关井操作 | | | | |
| 素质要求 | 在油气勘探中，井控工作的作用至关重要。修井过程中发生溢流后能够快速、正确地实施关井操作是保证钻修井安全的一个重要保障。工作中，作业人员需掌握不同工况下的关井工序及安全注意事项。作为大学生，要从现在开始培养爱岗敬业、一丝不苟、认真负责的工作作风 | | | | |
| 任务要求 | 通过本任务的学习，学生应能够正确地按照无钻台电缆射孔溢流关井施工程序完成关井操作 | | | | |
| 知识回顾 | 理论考核<br>（1）无钻台电缆射孔溢流关井，其中溢流的直接显示和间接显示有哪些<br><br><br><br>（2）简述发生无钻台电缆射孔溢流后各岗位的关井操作工序<br><br><br><br>（3）无钻台电缆射孔防止溢流的规定有哪些 | | | | |

续表

<table>
<tr><td>任务实施</td><td>技能考核<br>填写无钻台电缆射孔溢流关井操作工序及注意点</td></tr>
<tr><td>任务评价</td><td>评分表

| 序号 | 考核内容 | 分值 | 学生互评 | 教师点评 | 存在的问题及感悟 |
|---|---|---|---|---|---|
| 1 | 溢流显示 | 20 | | | |
| 2 | 关井工序 | 35 | | | |
| 3 | 发生溢流后关井时间 | 35 | | | |
| 4 | 其他情况 | 10 | | | |
</td></tr>
<tr><td>学习反思</td><td>通过本单元的学习，请对自己在课堂及实训过程中的表现进行反思与评价<br>自我反思：____________________<br>自我评价：____________________</td></tr>
</table>

# 实训2.12　无钻台空井溢流关井作业

<table>
<tr><td>班级</td><td></td><td>姓名</td><td></td><td>学号</td><td></td></tr>
<tr><td>学习小组</td><td></td><td>组长</td><td></td><td>日期</td><td></td></tr>
<tr><td>任务提出</td><td colspan="5">能够根据无钻台空井溢流关井施工程序分岗位实施关井操作</td></tr>
<tr><td>素质要求</td><td colspan="5">在油气勘探中，井控工作起着至关重要的作用。修井过程中发生溢流后能够快速、正确地实施关井操作是保证钻修井安全的一个重要保障。工作中，作业人员需掌握不同工况下的关井工序及安全注意事项。作为大学生，需要从现在开始培养爱岗敬业、一丝不苟、认真负责的工作作风，一起努力吧</td></tr>
<tr><td>任务要求</td><td colspan="5">通过本任务的学习，学生应能够正确地按照无钻台空井溢流关井施工程序完成关井操作</td></tr>
<tr><td>知识回顾</td><td colspan="5">理论考核<br>（1）无钻台空井溢流关井，其中溢流的直接显示和间接显示有哪些<br><br><br>（2）简述发生无钻台空井溢流后各岗位的关井操作工序<br><br><br>（3）无钻台空井防止溢流的规定有哪些</td></tr>
</table>

续表

<table>
<tr><td>任务实施</td><td>技能考核<br>填写无钻台空井溢流关井操作工序及注意点</td></tr>
<tr><td>任务评价</td><td>评分表<br><table><tr><th>序号</th><th>考核内容</th><th>分值</th><th>学生互评</th><th>教师点评</th><th>存在的问题及感悟</th></tr><tr><td>1</td><td>溢流显示</td><td>20</td><td></td><td></td><td></td></tr><tr><td>2</td><td>关井工序</td><td>35</td><td></td><td></td><td></td></tr><tr><td>3</td><td>发生溢流后关井时间</td><td>35</td><td></td><td></td><td></td></tr><tr><td>4</td><td>其他情况</td><td>10</td><td></td><td></td><td></td></tr></table></td></tr>
<tr><td>学习反思</td><td>通过本单元的学习，请对自己在课堂及实训过程中的表现进行反思与评价<br>自我反思:<br>自我评价:</td></tr>
</table>

# 实训3.1　司钻法压井操作

<table>
<tr><td>班级</td><td></td><td>姓名</td><td></td><td>学号</td><td></td></tr>
<tr><td>学习小组</td><td></td><td>组长</td><td></td><td>日期</td><td></td></tr>
<tr><td>任务提出</td><td colspan="5">能够根据司钻法压井施工程序调整压井排量，控制套压、立压完成压井操作</td></tr>
<tr><td>素质要求</td><td colspan="5">在油气勘探中，井控工作起着至关重要的作用，修井过程中发生溢流后进行有效的压井操作能够有效地避免事故的发生。工作中，作业人员需掌握压井施工的工序及安全注意事项。作为大学生，需要从现在开始培养爱岗敬业、一丝不苟、认真负责的工作作风</td></tr>
<tr><td>任务要求</td><td colspan="5">通过本任务的学习，学生应能够正确地按照司钻法压井施工程序完成压井施工</td></tr>
<tr><td>知识回顾</td><td colspan="5">理论考核<br>（1）司钻法压井施工工序有哪些<br><br><br>（2）如何判断溢流物的类型<br><br><br>（3）什么是关井套压</td></tr>
<tr><td>任务实施</td><td colspan="5">技能考核<br>填写司钻法压井施工工序及注意点</td></tr>
</table>

**司钻法压井施工**

<table>
<tr><td colspan="6">观察记录</td></tr>
<tr><td>日期</td><td>年　月　日</td><td>班次</td><td></td><td>值班人</td><td></td></tr>
<tr><td colspan="2">工况</td><td colspan="2"></td><td>审核人</td><td></td></tr>
<tr><td rowspan="2">井涌数据</td><td>关井套压/MPa</td><td colspan="2"></td><td>钻井液增量/m$^3$</td><td></td></tr>
<tr><td>关井立压/MPa</td><td colspan="2"></td><td colspan="2"></td></tr>
</table>

续表

<table>
<tr><td rowspan="9">任务实施</td><td colspan="5">观察记录</td></tr>
<tr><td rowspan="4">压井数据</td><td colspan="2">压井液密度（在用钻井液密度+关井立压/垂深×0.009 8）</td><td colspan="2"></td></tr>
<tr><td colspan="2">初始循环立管压力（低泵速压耗+关井立压）(ICP)</td><td colspan="2"></td></tr>
<tr><td colspan="2">终了循环立管压力（压井钻井液密度/在用钻井液密度×低泵速压耗）(FCP)</td><td colspan="2"></td></tr>
<tr><td colspan="2">（K）=ICP−FCP</td><td colspan="2"></td></tr>
<tr><td colspan="5">工程参数</td></tr>
<tr><td rowspan="2"></td><td>钻压/kN</td><td>泵压/MPa</td><td>排量/（L/min）</td><td>转盘转数/（r/min）</td></tr>
<tr><td></td><td></td><td></td><td></td></tr>
</table>

<table>
<tr><td rowspan="6">任务评价</td><td colspan="6">**评分表**</td></tr>
<tr><td>序号</td><td>考核内容</td><td>分值</td><td>学生互评</td><td>教师点评</td><td>存在的问题及感悟</td></tr>
<tr><td>1</td><td>泵冲调整</td><td>20</td><td></td><td></td><td></td></tr>
<tr><td>2</td><td>套压控制</td><td>35</td><td></td><td></td><td></td></tr>
<tr><td>3</td><td>立压控制</td><td>35</td><td></td><td></td><td></td></tr>
<tr><td>4</td><td>其他情况</td><td>10</td><td></td><td></td><td></td></tr>
<tr><td>学习反思</td><td colspan="6">通过本单元的学习，请对自己在课堂及实训过程中的表现进行反思与评价<br>自我反思：________________<br>________________<br>________________<br>________________<br>自我评价：________________<br>________________<br>________________<br>________________</td></tr>
</table>

# 实训3.2　工程师法压井操作

<table>
<tr><td>班级</td><td></td><td>姓名</td><td></td><td>学号</td><td></td></tr>
<tr><td>学习小组</td><td></td><td>组长</td><td></td><td>日期</td><td></td></tr>
<tr><td>任务提出</td><td colspan="5">能够根据工程师法压井施工程序调整压井排量，控制套压、立压完成压井操作</td></tr>
<tr><td>素质要求</td><td colspan="5">在油气勘探中，井控工作起着至关重要的作用，修井过程中发生溢流后进行有效的压井操作能够有效地避免事故的发生。工作中，作业人员需掌握压井施工的工序及安全注意事项。作为大学生，需要从现在开始培养爱岗敬业、一丝不苟、认真负责的工作作风</td></tr>
<tr><td>任务要求</td><td colspan="5">通过本任务的学习，学生应能够正确地按照工程师法压井施工程序完成压井施工</td></tr>
<tr><td>知识回顾</td><td colspan="5">理论考核<br>（1）工程师法压井施工工序有哪些<br><br><br>（2）什么是初始循环立管压力<br><br><br>（3）什么是终了循环立管压力</td></tr>
<tr><td>任务实施</td><td colspan="5">技能考核<br>填写工程师法压井施工工序及注意点<br><br>工程师法压井施工<br>
<table>
<tr><td colspan="6">观察记录</td></tr>
<tr><td>日期</td><td>年　月　日</td><td>班次</td><td></td><td>值班人</td><td></td></tr>
<tr><td colspan="2">工况</td><td colspan="2"></td><td>审核人</td><td></td></tr>
<tr><td rowspan="2">井涌数据</td><td>关井套压/MPa</td><td colspan="2"></td><td>钻井液增量/m³</td><td></td></tr>
<tr><td>关井立压/MPa</td><td colspan="2"></td><td colspan="2"></td></tr>
</table>
</td></tr>
</table>

续表

<table>
<tr><td rowspan="8">任务实施</td><td colspan="5">观察记录</td></tr>
<tr><td rowspan="4">压井数据</td><td colspan="2">压井液密度（在用钻井液密度+关井立压/垂深×0.009 8）</td><td colspan="2"></td></tr>
<tr><td colspan="2">初始循环立管压力（低泵速压耗+关井立压）(ICP)</td><td colspan="2"></td></tr>
<tr><td colspan="2">终了循环立管压力（压井钻井液密度/在用钻井液密度×低泵速压耗）(FCP)</td><td colspan="2"></td></tr>
<tr><td colspan="2">(K) =ICP–FCP</td><td colspan="2"></td></tr>
<tr><td colspan="5">工程参数</td></tr>
<tr><td rowspan="2"></td><td>钻压/kN</td><td>泵压/MPa</td><td>排量/(L/min)</td><td>转盘转数/(r/min)</td></tr>
<tr><td></td><td></td><td></td><td></td></tr>
</table>

**任务评价**

评分表

| 序号 | 考核内容 | 分值 | 学生互评 | 教师点评 | 存在的问题及感悟 |
|---|---|---|---|---|---|
| 1 | 泵冲调整 | 20 | | | |
| 2 | 套压控制 | 35 | | | |
| 3 | 立压控制 | 35 | | | |
| 4 | 其他情况 | 10 | | | |

**学习反思**

通过本单元的学习，请对自己在课堂及实训过程中的表现进行反思与评价

自我反思：________________________________________

自我评价：________________________________________

# 实训3.3　反循环司钻法压井操作

<table>
<tr><td>班级</td><td></td><td>姓名</td><td></td><td>学号</td><td></td></tr>
<tr><td>学习小组</td><td></td><td>组长</td><td></td><td>日期</td><td></td></tr>
<tr><td>任务提出</td><td colspan="5">能够根据反循环司钻法压井施工程序调整压井排量，控制套压、立压完成压井操作</td></tr>
<tr><td>素质要求</td><td colspan="5">在油气勘探中，井控工作起着至关重要的作用，修井过程中发生溢流后进行有效的压井操作能够有效地避免事故的发生。工作中，作业人员需掌握压井施工的工序及安全注意事项。作为大学生，需要从现在开始培养爱岗敬业、一丝不苟、认真负责的工作作风</td></tr>
<tr><td>任务要求</td><td colspan="5">通过本任务的学习，学生应能够正确地按照反循环司钻法压井施工程序完成压井施工</td></tr>
<tr><td>知识回顾</td><td colspan="5">理论考核<br>（1）反循环司钻法压井施工工序有哪些<br><br>（2）什么是反循环压井<br><br>（3）简述反循环司钻法压井施工安全注意事项</td></tr>
<tr><td>任务实施</td><td colspan="5">技能考核<br>填写反循环司钻法压井施工工序及注意点<br><br>反循环司钻法压井施工<br><br>
<table>
<tr><td colspan="6">观察记录</td></tr>
<tr><td>日期</td><td>年　月　日</td><td>班次</td><td></td><td>值班人</td><td></td></tr>
<tr><td colspan="2">工况</td><td colspan="2"></td><td>审核人</td><td></td></tr>
<tr><td rowspan="2">井涌数据</td><td>关井套压/MPa</td><td colspan="2"></td><td>钻井液增量/$m^3$</td><td></td></tr>
<tr><td>关井立压/MPa</td><td colspan="2"></td><td colspan="2"></td></tr>
</table>
</td></tr>
</table>

续表

**任务实施**

观察记录

| 压井数据 | 项目 | 记录 |
|---|---|---|
| 压井数据 | 压井液密度（在用钻井液密度+关井立压/垂深×0.009 8） | |
| | 初始循环立管压力（低泵速压耗+关井立压）(ICP) | |
| | 终了循环立管压力（压井钻井液密度/在用钻井液密度×低泵速压耗）(FCP) | |
| | (K) =ICP–FCP | |

工程参数

| | 钻压/kN | 泵压/MPa | 排量/（L/min） | 转盘转数/（r/min） |
|---|---|---|---|---|
| | | | | |

**任务评价**

评分表

| 序号 | 考核内容 | 分值 | 学生互评 | 教师点评 | 存在的问题及感悟 |
|---|---|---|---|---|---|
| 1 | 泵冲调整 | 20 | | | |
| 2 | 套压控制 | 35 | | | |
| 3 | 立压控制 | 35 | | | |
| 4 | 其他情况 | 10 | | | |

**学习反思**

通过本单元的学习，请对自己在课堂及实训过程中的表现进行反思与评价

自我反思：______________________________

自我评价：______________________________

# 实训3.4　反循环工程师法压井操作

<table>
<tr><td>班级</td><td></td><td>姓名</td><td></td><td>学号</td><td></td></tr>
<tr><td>学习小组</td><td></td><td>组长</td><td></td><td>日期</td><td></td></tr>
<tr><td>任务提出</td><td colspan="5">能够根据反循环工程师法压井施工程序调整压井排量，控制套压、立压完成压井操作</td></tr>
<tr><td>素质要求</td><td colspan="5">在油气勘探中，井控工作起着至关重要的作用，修井过程中发生溢流后进行有效的压井操作能够有效地避免事故的发生。工作中，作业人员需掌握压井施工的工序及安全注意事项。作为大学生，需要从现在开始培养爱岗敬业、一丝不苟、认真负责的工作作风</td></tr>
<tr><td>任务要求</td><td colspan="5">通过本任务的学习，学生应能够正确地按照反循环工程师法完成压井施工</td></tr>
<tr><td>知识回顾</td><td colspan="5">理论考核<br>（1）反循环工程师法压井施工工序有哪些<br><br><br>（2）反循环压井适用的井况有哪些<br><br><br>（3）简述反循环工程师法压井施工安全注意事项</td></tr>
<tr><td>任务实施</td><td colspan="5">技能考核<br>填写反循环工程师法压井施工工序及注意点</td></tr>
</table>

**反循环工程师法压井施工**

<table>
<tr><td colspan="6">观察记录</td></tr>
<tr><td>日期</td><td>年　月　日</td><td>班次</td><td></td><td>值班人</td><td></td></tr>
<tr><td colspan="2">工况</td><td colspan="2"></td><td>审核人</td><td></td></tr>
<tr><td rowspan="2">井涌数据</td><td>关井套压/MPa</td><td colspan="2"></td><td>钻井液增量/m³</td><td></td></tr>
<tr><td>关井立压/MPa</td><td colspan="2"></td><td colspan="2"></td></tr>
</table>

续表

<table>
<tr><td rowspan="3">任务实施</td><td colspan="5">观察记录</td></tr>
<tr><td colspan="5">
<table>
<tr><td rowspan="4">压井数据</td><td>压井液密度（在用钻井液密度+关井立压/垂深×0.009 8）</td><td></td></tr>
<tr><td>初始循环立管压力（低泵速压耗+关井立压）(ICP)</td><td></td></tr>
<tr><td>终了循环立管压力（压井钻井液密度/在用钻井液密度×低泵速压耗）(FCP)</td><td></td></tr>
<tr><td>（K）=ICP-FCP</td><td></td></tr>
</table>
</td></tr>
<tr><td colspan="5">
<table>
<tr><td colspan="5">工程参数</td></tr>
<tr><td rowspan="2"></td><td>钻压/kN</td><td>泵压/MPa</td><td>排量/（L/min）</td><td>转盘转数/（r/min）</td></tr>
<tr><td></td><td></td><td></td><td></td></tr>
</table>
</td></tr>
<tr><td>任务评价</td><td colspan="5">
评分表
<table>
<tr><td>序号</td><td>考核内容</td><td>分值</td><td>学生互评</td><td>教师点评</td><td>存在的问题及感悟</td></tr>
<tr><td>1</td><td>泵冲调整</td><td>20</td><td></td><td></td><td></td></tr>
<tr><td>2</td><td>套压控制</td><td>35</td><td></td><td></td><td></td></tr>
<tr><td>3</td><td>立压控制</td><td>35</td><td></td><td></td><td></td></tr>
<tr><td>4</td><td>其他情况</td><td>10</td><td></td><td></td><td></td></tr>
</table>
</td></tr>
<tr><td>学习反思</td><td colspan="5">通过本单元的学习，请对自己在课堂及实训过程中的表现进行反思与评价<br>自我反思:____________________<br>____________________<br>____________________<br>自我评价:____________________<br>____________________<br>____________________</td></tr>
</table>

# 实训4.1 滚筒操作

| 班级 | | 姓名 | | 学号 | |
|---|---|---|---|---|---|
| 学习小组 | | 组长 | | 日期 | |
| 任务提出 | 能够熟悉连续油管滚筒的结构及组成，掌握滚筒基本操作 | | | | |
| 素质要求 | 在井下作业新技术、新工艺中连续油管技术作业优势明显，学习和掌握新的工艺、工具的操作有利于自身的发展。作为大学生，需要从现在开始培养爱岗敬业、一丝不苟、认真负责的工作作风 | | | | |
| 任务要求 | 通过本任务的学习，学生应能够正确地按照连续油管滚筒操作程序完成滚筒的基本操作 | | | | |
| 知识回顾 | 理论考核<br>（1）滚筒的结构主要由哪几部分组成<br><br><br>（2）滚筒在连续油管作业过程中起到的作用有哪些<br><br><br>（3）滚筒操作时的安全注意事项有哪些 | | | | |

续表

<table>
<tr><td>任务实施</td><td>技能考核<br>填写滚筒操作工序及注意点</td></tr>
<tr><td>任务评价</td><td>评分表
<table>
<tr><th>序号</th><th>考核内容</th><th>分值</th><th>学生互评</th><th>教师点评</th><th>存在的问题及感悟</th></tr>
<tr><td>1</td><td>滚筒旋转速度</td><td>20</td><td></td><td></td><td></td></tr>
<tr><td>2</td><td>滚筒操作工序</td><td>35</td><td></td><td></td><td></td></tr>
<tr><td>3</td><td>滚筒背压调节</td><td>35</td><td></td><td></td><td></td></tr>
<tr><td>4</td><td>其他情况</td><td>10</td><td></td><td></td><td></td></tr>
</table></td></tr>
<tr><td>学习反思</td><td>通过本单元的学习，请对自己在课堂及实训过程中的表现进行反思与评价<br><br>自我反思:<br><br>自我评价:</td></tr>
</table>

# 实训4.2　防喷器操作

| 班级 | | 姓名 | | 学号 | |
|---|---|---|---|---|---|
| 学习小组 | | 组长 | | 日期 | |
| 任务提出 | 能够熟悉连续油管作业时井口防喷器组的组成及操作注意事项 | | | | |
| 素质要求 | 在井下作业新技术、新工艺中连续油管技术作业优势明显，学习和掌握新的工艺、工具的操作有利于自身的发展。作为大学生，需要从现在开始培养爱岗敬业、一丝不苟、认真负责的工作作风 | | | | |
| 任务要求 | 通过本任务的学习，学生应能够正确地按照连续油管井口防喷器组操作程序完成防喷器的基本操作 | | | | |
| 知识回顾 | 理论考核<br>（1）简述防喷器的主要结构及封井的主要原理<br><br><br><br>（2）防喷器组的组成有哪些<br><br><br><br>（3）简述卡瓦防喷器的主要作用 | | | | |

续表

<table>
<tr><td>任务实施</td><td>技能考核<br>填写防喷器组操作工序及注意点</td></tr>
<tr><td>任务评价</td><td>评分表<br>
<table>
<tr><td>序号</td><td>考核内容</td><td>分值</td><td>学生互评</td><td>教师点评</td><td>存在的问题及感悟</td></tr>
<tr><td>1</td><td>防喷器压力调节</td><td>20</td><td></td><td></td><td></td></tr>
<tr><td>2</td><td>防喷器关闭</td><td>35</td><td></td><td></td><td></td></tr>
<tr><td>3</td><td>防喷器开启</td><td>35</td><td></td><td></td><td></td></tr>
<tr><td>4</td><td>其他情况</td><td>10</td><td></td><td></td><td></td></tr>
</table></td></tr>
<tr><td>学习反思</td><td>通过本单元的学习，请对自己在课堂及实训过程中的表现进行反思与评价<br>自我反思:________________<br>________________<br>________________<br>________________<br>自我评价:________________<br>________________<br>________________<br>________________</td></tr>
</table>

# 实训4.3　防喷盒操作

| 班级 | | 姓名 | | 学号 | |
|---|---|---|---|---|---|
| 学习小组 | | 组长 | | 日期 | |
| 任务提出 | 能够熟悉连续油管作业时防喷盒的组成及操作注意事项 | | | | |
| 素质要求 | 在井下作业新技术、新工艺中连续油管技术作业优势明显，学习和掌握新的工艺、工具的操作有利于自身的发展。作为大学生，需要从现在开始培养爱岗敬业、一丝不苟、认真负责的工作作风 | | | | |
| 任务要求 | 通过本任务的学习，学生应能够正确地按照连续油管防喷盒操作程序完成防喷盒的基本操作 | | | | |
| 知识回顾 | 理论考核<br>（1）简述防喷盒的主要结构及封井的主要原理<br><br><br><br>（2）简述防喷盒的更换工序<br><br><br><br>（3）简述防喷盒操作时的安全注意事项 | | | | |

续表

<table>
<tr><td>任务实施</td><td>技能考核<br>填写防喷盒操作工序及注意点</td></tr>
<tr><td>任务评价</td><td>评分表<br>

| 序号 | 考核内容 | 分值 | 学生互评 | 教师点评 | 存在的问题及感悟 |
|---|---|---|---|---|---|
| 1 | 防喷盒压力调节 | 20 | | | |
| 2 | 防喷盒关闭 | 35 | | | |
| 3 | 防喷盒开启 | 35 | | | |
| 4 | 其他情况 | 10 | | | |

</td></tr>
<tr><td>学习反思</td><td>通过本单元的学习，请对自己在课堂及实训过程中的表现进行反思与评价<br>自我反思：<br>自我评价：</td></tr>
</table>

# 实训4.4　注入头操作

| 班级 | | 姓名 | | 学号 | |
|---|---|---|---|---|---|
| 学习小组 | | 组长 | | 日期 | |
| 任务提出 | 能够熟悉连续油管作业时注入头的组成及操作注意事项 | | | | |
| 素质要求 | 在井下作业新技术、新工艺中连续油管技术作业优势明显，学习和掌握新的工艺、工具的操作有利于自身的发展。作为大学生，需要从现在开始培养爱岗敬业、一丝不苟、认真负责的工作作风 | | | | |
| 任务要求 | 通过本任务的学习，学生应能够正确地按照连续油管注入头操作程序完成注入头的基本操作 | | | | |
| 知识回顾 | 理论考核<br>（1）简述注入头的主要结构及起下连续油管的主要方式<br><br><br>（2）简述注入头操作时的安全注意事项 | | | | |

续表

<table>
<tr><td>任务实施</td><td>技能考核<br>填写注入头操作工序及注意点</td></tr>
<tr><td>任务评价</td><td>评分表<br><table><tr><td>序号</td><td>考核内容</td><td>分值</td><td>学生互评</td><td>教师点评</td><td>存在的问题及感悟</td></tr><tr><td>1</td><td>注入头压力调节</td><td>20</td><td></td><td></td><td></td></tr><tr><td>2</td><td>注入头上提油管</td><td>35</td><td></td><td></td><td></td></tr><tr><td>3</td><td>注入头下放油管</td><td>35</td><td></td><td></td><td></td></tr><tr><td>4</td><td>其他情况</td><td>10</td><td></td><td></td><td></td></tr></table></td></tr>
<tr><td>学习反思</td><td>通过本单元的学习，请对自己在课堂及实训过程中的表现进行反思与评价<br>自我反思：<br><br>自我评价：</td></tr>
</table>

# 实训4.5　起下连续油管操作

| 班级 | | 姓名 | | 学号 | |
|---|---|---|---|---|---|
| 学习小组 | | 组长 | | 日期 | |
| 任务提出 | 能够熟悉起下连续油管操作及安全注意事项 | | | | |
| 素质要求 | 在井下作业新技术、新工艺中连续油管技术作业优势明显，学习和掌握新的工艺、工具的操作有利于自身的发展。作为大学生，需要从现在开始培养爱岗敬业、一丝不苟、认真负责的工作作风 | | | | |
| 任务要求 | 通过本任务的学习，学生应能够正确地按照起下连续油管操作程序完成起下油管的基本操作 | | | | |
| 知识回顾 | 理论考核<br>（1）简述起下连续油管的安全注意事项是什么<br><br><br><br>（2）起下连续油管出现油管断裂时应如何操作 | | | | |

续表

<table>
<tr><td>任务实施</td><td>技能考核<br>填写起下连续油管操作工序及注意点</td></tr>
<tr><td>任务评价</td><td>

评分表

| 序号 | 考核内容 | 分值 | 学生互评 | 教师点评 | 存在的问题及感悟 |
|---|---|---|---|---|---|
| 1 | 连续油管的起下速度 | 20 | | | |
| 2 | 起连续油管 | 35 | | | |
| 3 | 下放连续油管 | 35 | | | |
| 4 | 其他情况 | 10 | | | |

</td></tr>
<tr><td>学习反思</td><td>通过本单元的学习，请对自己在课堂及实训过程中的表现进行反思与评价<br><br>自我反思:______<br><br>自我评价:______</td></tr>
</table>

# 实训4.6　钻磨桥塞作业操作

| 班级 | | 姓名 | | 学号 | |
|---|---|---|---|---|---|
| 学习小组 | | 组长 | | 日期 | |
| 任务提出 | 能够熟悉连续油管钻磨桥塞作业操作及安全注意事项 | | | | |
| 素质要求 | 在井下作业新技术、新工艺中连续油管技术作业优势明显，学习和掌握新的工艺、工具的操作有利于自身的发展。作为大学生，需要从现在开始培养爱岗敬业、一丝不苟、认真负责的工作作风 | | | | |
| 任务要求 | 通过本任务的学习，学生应能够正确地按照连续油管钻磨桥塞的操作程序完成钻磨桥塞的基本操作 | | | | |
| 知识回顾 | 理论考核<br>（1）连续油管钻磨桥塞工艺的优势有哪些<br><br><br>（2）连续油管钻磨桥塞操作的安全注意事项有哪些 | | | | |

续表

<table>
<tr><td>任务实施</td><td>技能考核<br>填写连续油管钻磨桥塞操作工序及注意点</td></tr>
<tr><td>任务评价</td><td>评分表

| 序号 | 考核内容 | 分值 | 学生互评 | 教师点评 | 存在的问题及感悟 |
|---|---|---|---|---|---|
| 1 | 连续油管的起下速度 | 20 | | | |
| 2 | 连续油管钻磨桥塞钻压控制 | 35 | | | |
| 3 | 连续油管钻磨桥塞排量控制 | 35 | | | |
| 4 | 其他情况 | 10 | | | |
</td></tr>
<tr><td>学习反思</td><td>通过本单元的学习，请对自己在课堂及实训过程中的表现进行反思与评价<br>自我反思：<br><br>自我评价：</td></tr>
</table>

# 实训4.7 冲砂解堵作业操作

| 班级 | | 姓名 | | 学号 | |
|---|---|---|---|---|---|
| 学习小组 | | 组长 | | 日期 | |
| 任务提出 | 能够熟悉连续油管冲砂解堵作业操作及安全注意事项 | | | | |
| 素质要求 | 在井下作业新技术、新工艺中连续油管技术作业优势明显，学习和掌握新的工艺、工具的操作有利于自身的发展。作为大学生，需要从现在开始培养爱岗敬业、一丝不苟、认真负责的工作作风 | | | | |
| 任务要求 | 通过本任务的学习，学生应能够正确地按照连续油管冲砂解堵的操作程序完成冲砂解堵的基本操作 | | | | |
| 知识回顾 | 理论考核<br>（1）连续油管冲砂解堵工艺的优势有哪些<br><br><br>（2）连续油管冲砂解堵操作的安全注意事项有哪些 | | | | |

续表

<table>
<tr><td>任务实施</td><td>技能考核<br>填写连续油管冲砂解堵操作工序及注意点</td></tr>
<tr><td>任务评价</td><td>评分表<br>

| 序号 | 考核内容 | 分值 | 学生互评 | 教师点评 | 存在的问题及感悟 |
|---|---|---|---|---|---|
| 1 | 连续油管的起下速度 | 20 | | | |
| 2 | 连续油管冲砂解堵泵压控制 | 35 | | | |
| 3 | 连续油管冲砂解堵排量控制 | 35 | | | |
| 4 | 其他情况 | 10 | | | |

</td></tr>
<tr><td>学习反思</td><td>通过本单元的学习，请对自己在课堂及实训过程中的表现进行反思与评价<br>自我反思：______<br>______<br>______<br>______<br>自我评价：______<br>______<br>______<br>______</td></tr>
</table>

# 实训4.8　气举诱喷作业操作

| 班级 | | 姓名 | | 学号 | |
|---|---|---|---|---|---|
| 学习小组 | | 组长 | | 日期 | |
| 任务提出 | 能够熟悉连续油管气举诱喷作业操作及安全注意事项 | | | | |
| 素质要求 | 在井下作业新技术、新工艺中连续油管技术作业优势明显，学习和掌握新的工艺、工具的操作有利于自身的发展。作为大学生，需要从现在开始培养爱岗敬业、一丝不苟、认真负责的工作作风 | | | | |
| 任务要求 | 通过本任务的学习，学生应能够正确地按照连续油管气举诱喷的操作程序完成气举诱喷的基本操作 | | | | |
| 知识回顾 | 理论考核<br>（1）连续油管气举诱喷工艺的优势有哪些<br><br><br><br>（2）连续油管气举诱喷操作的安全注意事项有哪些 | | | | |

续表

<table>
<tr><td>任务实施</td><td>技能考核<br>填写连续油管气举诱喷操作工序及注意点</td></tr>
<tr><td>任务评价</td><td>

评分表

| 序号 | 考核内容 | 分值 | 学生互评 | 教师点评 | 存在的问题及感悟 |
|---|---|---|---|---|---|
| 1 | 连续油管的起下速度 | 20 | | | |
| 2 | 连续油管气举诱喷泵压控制 | 35 | | | |
| 3 | 连续油管气举诱喷排量控制 | 35 | | | |
| 4 | 其他情况 | 10 | | | |

</td></tr>
<tr><td>学习反思</td><td>通过本单元的学习，请对自己在课堂及实训过程中的表现进行反思与评价<br>自我反思：<br>自我评价：</td></tr>
</table>

# 附录1　修井作业基础知识

生产过程中，油水井经常会发生一些故障，导致减产甚至停产。为了维持井的正常生产，必须进行修井施工。

修井施工即旨在恢复井的正常生产或提高生产能力，对油水井所进行的解除故障措施。其目的在于保证井的正常工作，完成各种井下作业，提高井的利用率与生产效率。根据修井作业的难易程度，修井可分为小修作业和大修作业。小修作业的基本方法是把起下油管作为手段，把井中原来的工具通过油管起出，然后按施工设计进行项目的施工。施工目的完成后，再通过油管把更新的工具或抽油泵下入到井内预定位置，重新开始生产。若油气井出了大故障，就需要进行大修作业。大修作业的特点是工程难度大，技术要求高，修井设备体型大。需要配备大修钻杆、大修转盘等专用设备工具才能开展工作。

## 一、常规修井作业工艺

### （一）冲砂

油层胶结疏松，油井工作制度不合理，以及措施不当都会造成油井出砂。油井出砂后，如果井内的液流不能将出砂全部带至地面，井内砂子逐渐沉淀，砂柱增高，流动阻力增加，出油通道堵塞，会导致油井减产甚至停产，同时会损坏井下设备，甚至造成井下砂卡事故。至此，必须采取措施清除积砂。目前常用的是水力冲砂。

水力冲砂即用高速流体将井底砂子冲散，并利用循环上返的液流将冲散的砂子带到地面的工艺过程。

常规的水力冲砂方式分为以下几种。

1. 正冲砂

正冲砂过程中，冲砂液沿管柱流向井底，由环形空间返出地面。其优点是冲砂管直径较小，冲击力大，易于冲散砂堵；缺点是大直径的套管与冲砂管的环形空间面积较大，使得冲洗液上返速度较小，携砂能力弱，大颗粒砂子不宜带出。为了提高携砂能力，可以提高冲砂液的黏度或加大泵的排量。

2. 反冲砂

反冲砂过程中，冲砂液由套管和冲砂管的环形空间进入，冲起并携带砂子沿冲砂管上返到地面。其优点是由于冲砂管内径小，冲砂液上返速度快，携砂能力强，泥砂不易沉淀。

3. 联合冲砂

联合冲砂兼顾了正、反冲砂的优点，用正冲方式将砂堵冲开，并使砂子处于悬浮状态。然后改为反冲方式，将冲散的砂子从冲砂管内返至地面，迅速解除砂堵，提高冲砂效率。

冲砂液是冲砂所用的液体，通常采用的有油、水、乳化液等。为防止污染油层，在液中可以加入表面活性剂。一般油井用原油或水做冲砂工作液，水井用清水（或盐水）做冲砂工作液，低压井用混气水做冲砂工作液。

（二）清蜡

如果油井产出的原油中含有蜡，当原油的组分、温度、压力发生变化，其对蜡的溶解能力下降时，蜡从原油中析出，然后聚集、粘附在管壁上。清蜡即清除粘附在油井管壁、抽油泵、抽油杆等设备上的蜡的工作，常用的方法有机械清蜡和热力清蜡。

1. 机械清蜡

（1）刮蜡片清蜡

刮蜡片清蜡利用井场电动绞车将刮蜡片下入油井中，在油管结蜡井段上、下活动，将管壁上的蜡刮下，并被油流带出井口，该方法适用于自喷井和结蜡不严重的井。

（2）套管刮蜡

套管刮蜡的主要工具是螺旋式刮蜡器。将螺旋式刮蜡器接在油管下面，利用油管的上、下活动将套管壁上的蜡清理掉，也可以利用转盘带动刮刀钻头刮削；同时利用液体循环把清理出的蜡带到地面。

2. 热力清蜡

（1）电热清蜡

电热清蜡是采用油井加热电缆，利用电能转化为热能，给油流加热，使其温度升高达到清蜡、防蜡目的。

（2）热化学清蜡

热化学清蜡利用化学反应产生的热能来清蜡。

（3）热油循环清蜡

热油循环清蜡利用本井生产的原油，经加热后注入井内不断循环，使井内温度达到蜡的熔点，蜡被逐渐熔化并随同油流到地面。

（4）蒸气清蜡

蒸气清蜡的过程是，将井内油管起出来，摆放整齐，然后利用蒸气车的高压蒸气熔化并刺洗管内外的结蜡。

（三）检泵

国内外机械采油装置主要分为杆泵和无杆泵两大类。一般将利用抽油杆柱上、下往复运动进行驱动的抽油泵统称为有杆泵；将不用抽油杆柱传递能量，而是利用电缆或高压液体传递能量的抽油泵统称为无杆泵。

在这两大类泵中，目前国内使用较为普遍的有杆泵是管式泵。克拉玛依油田常见的抽油泵有衬套泵、整筒泵、过桥泵、反馈泵等。

检泵的目的：

（1）根据油井的生产规律摸索出检泵周期，定期进行检泵。

（2）由于发生事故而被迫进行检泵。两次检泵之间的时间间隔称为检泵周期。油井的产量、油层压力、油层温度、出气出水情况、油井的出砂结蜡情况、原油的腐蚀性、油井的管理制度等诸多因素都会影响检泵周期的长短。

（四）套管修复技术

随着油气田勘探开发进入中后期，投产后的油水井随生产时间不断延长及各种因素的影响，油水井套管技术状况逐渐变差，甚至损坏，不能正常生产。造成套管损坏的因素与套管损坏类型多种多样。对套管损坏状况进行分析及修缮，是对油水井大修的重要部分。

（五）打捞解卡工艺

打捞解卡主要解决的问题是井下生产管柱由于各种原因被卡阻在井内，导致油水井不能正常生产。顾名思义，打捞解卡包括打捞和解卡两方面技术内容，是修井作业施工的一种基本手段，也是一项技术含量较高的综合性修井技术，在大修井施工过程中应用较普遍。

1. 常规打捞

打捞是针对不同的井下落物，采用相应的打捞工具将落物捞出的工艺方法。

在一般情况下，将落物划分为四类。

（1）管类落物：如油管、钻杆、封隔器等。

（2）杆类落物：如断脱的抽油杆、加重杆等。

（3）绳类落物：如录井钢丝、电缆等。

（4）小件落物：如螺栓、刮蜡片、取样器、阀球、压力表等。

对于井下落物的处理一种方法是原物取出，另一种方法是井内消灭。所谓原物取出，是下各种打捞工具将落物整体或分段捞出；所谓井内消灭，则是指下磨铣工具把落物磨铣掉。在下打捞工具可以奏效的情况下，尽可能采用原物取出的方法（即打捞）。

2. 常规解卡

卡钻是指油水井在生产或作业过程中，由于操作不当或某种原因造成的井下管柱或井下工具在井下被卡住，按正常方式不能上提的一种井下事故。由于卡钻事故会使油水井的生产不能正常进行，严重时还会使油水井报废，给油田的生产和经济收益造成重大损失，因而了解如何预防和及时处理卡钻事故，对于维护油田生产、提高作业水平非常重要。

卡钻事故按其形成的原因可分为以下三种类型。

（1）油水井生产过程中造成的油管或井下工具被卡：如砂卡、蜡卡等。

（2）井下作业不当造成的卡钻：如落物卡、水泥（凝固）卡、套管卡等。

（3）井下下入了设计不当或品质差的井下工具造成的卡钻：如封隔器不能正常解封造成的卡钻。

一旦发生卡钻事故，切不可盲目操作，以免卡钻事故更加严重。应对其进行认真分析研究，确定卡钻事故原因、遇卡位置及类型，妥善处理。

## 三、修井常用设备

修井作业的设备比较多，按照性能和用途，可分为动力设备、起下设备、旋转设备、循环设备、井口控制装置等。其详细规范、技术性能等可参阅《采油技术手册》。

### （一）动力设备

修井机是修井和井下作业施工中最基本、最主要的动力来源，按其运行结构分为履带式（通井机）和轮胎式（作业机）两种形式。其原理是在拖拉机或汽车上安装一部绞车，利用发动机带动绞车滚筒转动，通过钢丝绳把动力传递给提升系统。

1. 履带式修井机（通井机）

（1）履带式修井机统称通井机，是目前各油田修井作业中最常用的一种动力设备。履带式修井机用于起下油管、钻杆（抽油杆）以及井下打捞、抽汲等施工作业。

（2）履带式修井机的优点是，不配带井架，越野性能好，因而适用于低洼地带；缺点是行进速度慢，不适应快速转移施工的要求。

常用的AT–10型通井机、XT–12型通井机的外形如图附录1–1、图附录1–2所示。

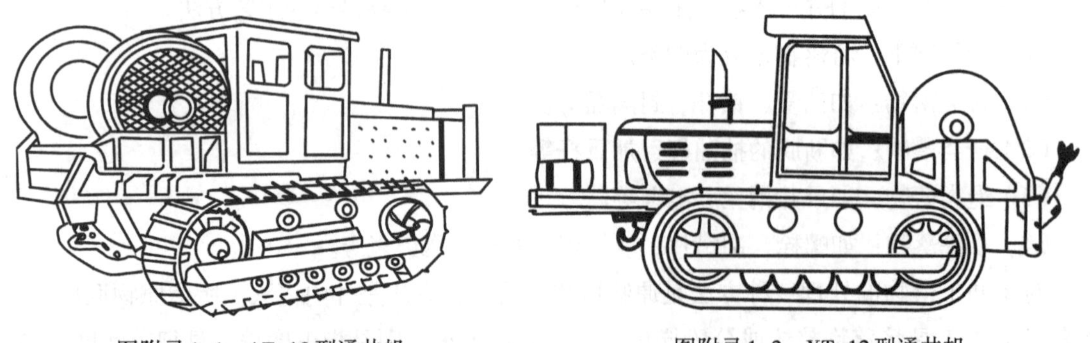

图附录1–1　AT–10型通井机　　图附录1–2　XT–12型通井机

2. 轮胎式修井机（修井机或作业机）

（1）轮胎式修井机是修井施工中最基本、最主要的动力来源。用于完成起下管（杆）柱及井下工具，提捞、抽汲和打捞等任务，是一种轮胎式自带井架的修井设备。

（2）轮胎式修井机的优点是配带自背式井架，行走方便，安装简单，适用于快速搬迁施工作业；缺点是在低洼、泥泞地带，雨季翻浆季节行走和进入井场时相对受限制。

两种主要的轮胎式修井机XJ250型和XJ350型的外形如图附录1–3、图附录1–4所示。XJ350型修井机井架高度31.7 m，二层平台可立放钻杆（油管）立柱3 000 m，转盘扭矩大，转速控制方便，适用于中深井、深井大修作业。

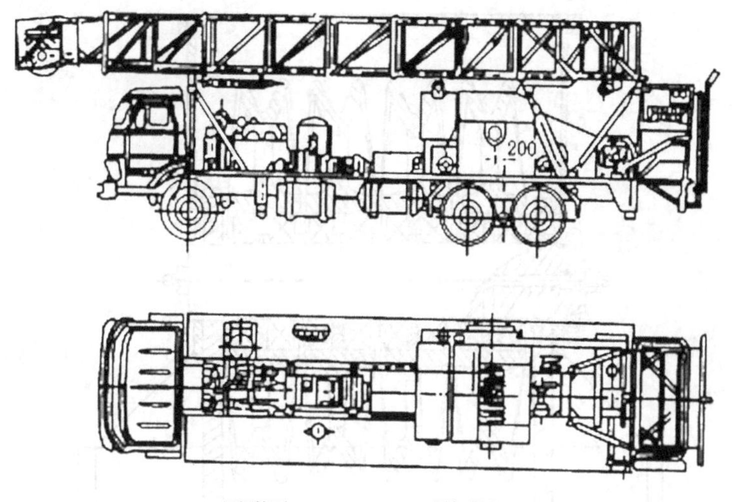


图附录1-3 XJ250型修井机

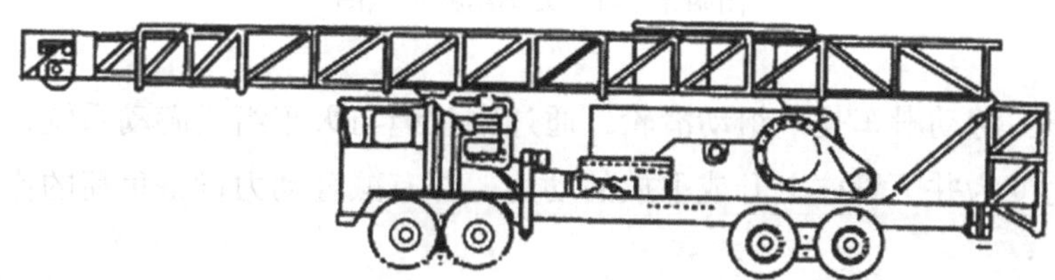

图附录1-4 XJ350型修井机

### （二）起下设备

起下设备由井架和提升系统两部分组成。其中，提升系统由游动系统（包括天车、游动滑车、大钩、钢丝绳）和吊环、吊卡组成。

1. 井架

（1）井架的作用是支持游动系统，进行起下作业；用途主要是装置天车，支撑整个提升设备，以便悬吊井下设备、工具，进行各种起下作业。

（2）井架的分类有多种方式。从移动性来分，有固定式井架和可移动式井架两类；从高度来分，又可分为18 m、24 m、29 m等几类。目前，在井下作业中常用的固定式井架有BJ-18型、BJ-29型和JJ-80-18型三种。

2. 提升系统

（1）游动系统

①天车：天车是一组定滑轮，通过钢丝绳与游动滑车构成游动系统，改变从绞车滚筒钢丝绳来的拉力方向，以完成悬吊与起下作业，结构如图附录1-5所示。

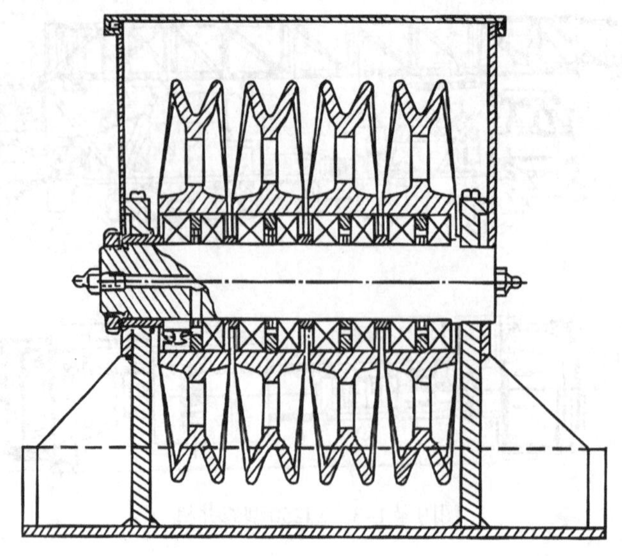

图附录1–5　天车结构示意图



②游动滑车：游动滑车是一组动滑轮，通过钢丝绳与天车组成游动系统，使从绞车滚筒钢丝绳来的拉力变为井下管柱上升或下放的动力，并有减轻动力设备负荷的作用，结构如图附录1–6所示。

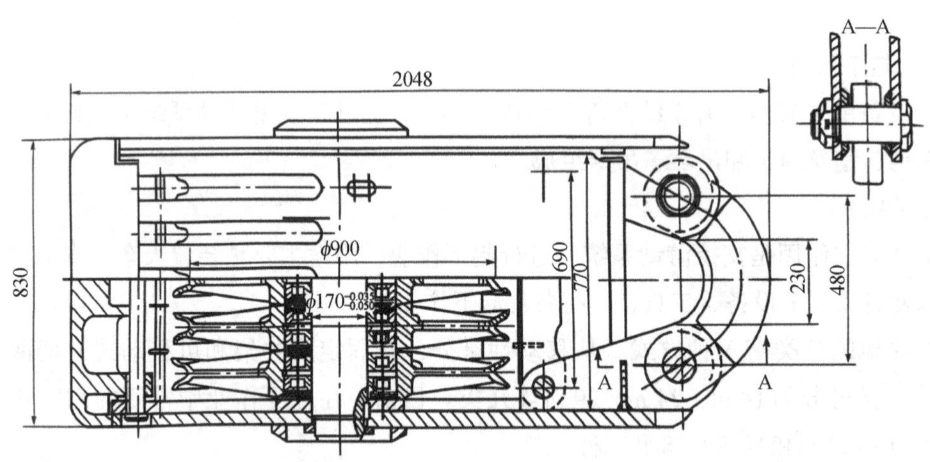


图附录1–6　游动滑车结构示意图

③大钩：大钩的作用是悬吊井内管柱，实现起下作业。大钩有一个主钩和两个侧钩，主钩用于悬挂水龙头，两个侧钩用于悬挂吊环，结构如图附录1–7所示。

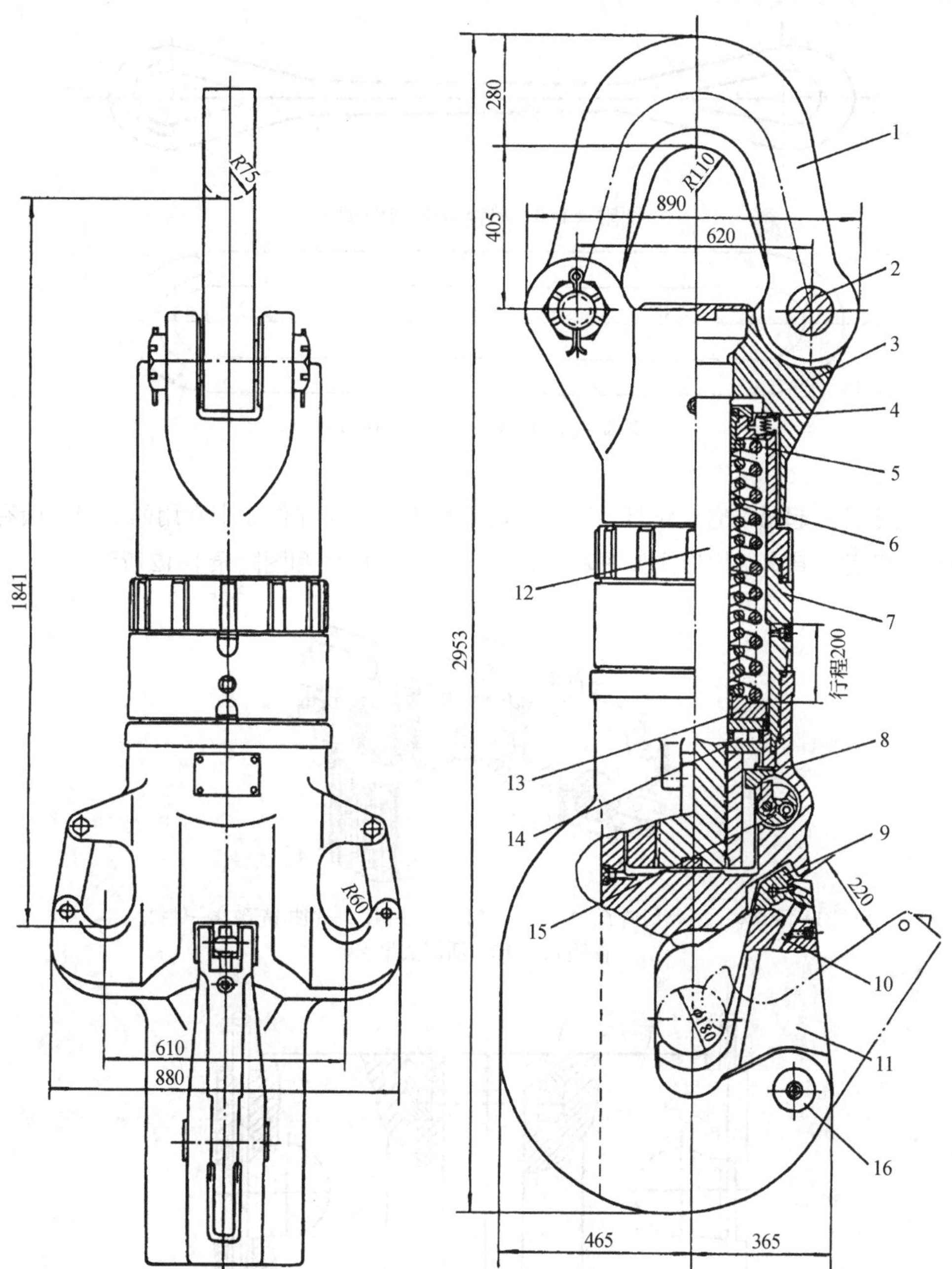


图附录1-7　大钩的结构示意图

（2）吊环

吊环是起下管柱时连接大钩与吊卡用的专用提升用具，用来悬挂吊卡，吊环成对使用。按结构不同，吊环分为单臂吊环和双臂吊环两种形式，结构如图附录1-8和图附录1-9所示。

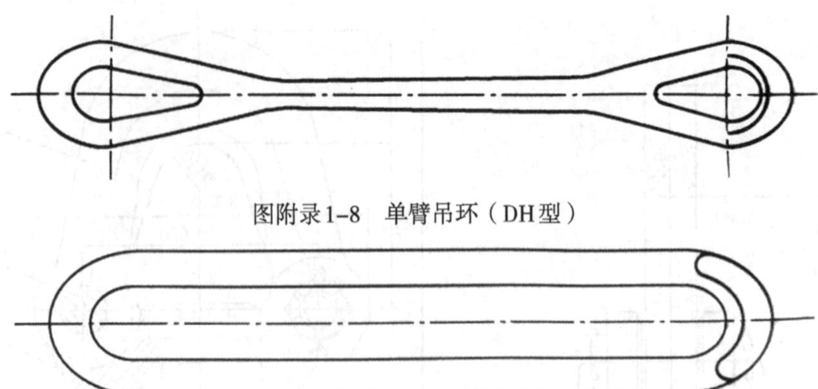

图附录1-8　单臂吊环（DH型）

图附录1-9　双臂吊环（SH型）

（3）吊卡

吊卡是卡住并起吊油管、钻杆、套管等的专用工具。修井作业中常用的吊卡一般有活门式和月牙形两种，基本结构形式如图附录1-10、图附录1-11和图附录1-12所示。

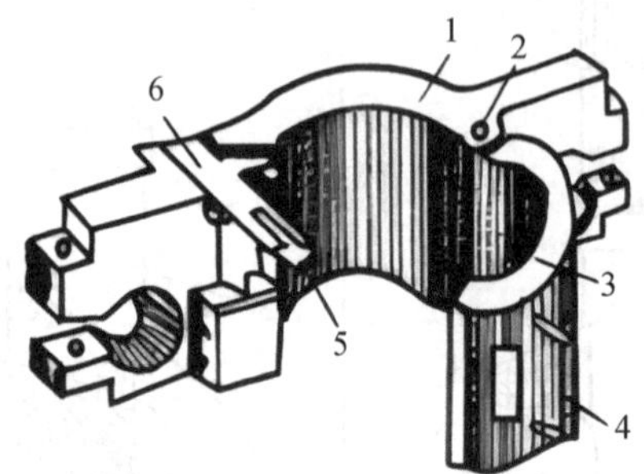


1—吊卡体；2—活门销子；3—吊卡活门；4—手柄；5—锁扣销子；6—锁扣。

图附录1-10　活门式吊卡

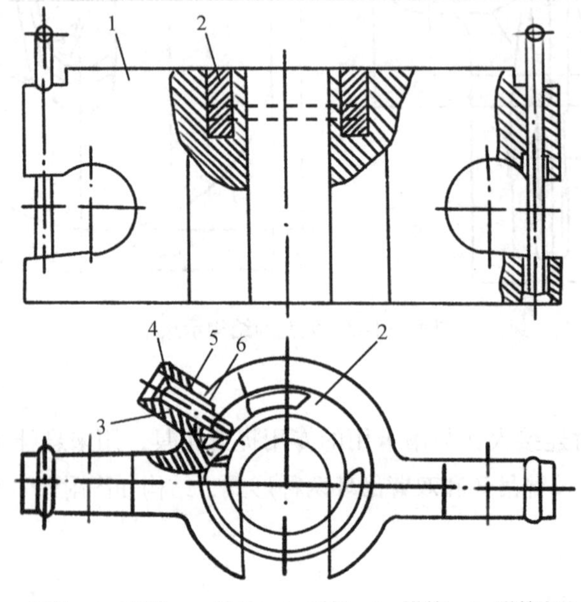


1—壳体；2—凹槽；3—插栓；4—手柄；5—弹簧；6—弹簧底垫。

图附录1-11　月牙形吊卡

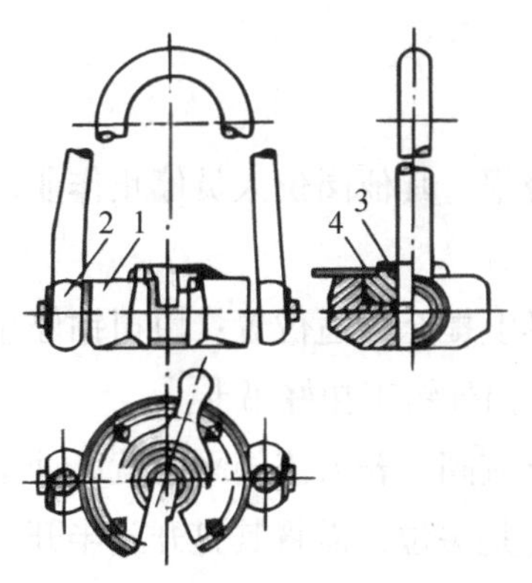

1—卡体；2—吊环；3—卡具；4—手柄。

图附录1-12　抽油杆吊卡示意图

## 三、关井程序

钻井过程应密切注意溢流，不能麻痹大意，不能因为溢流量小而疏忽。如不能及时控制井口，就有发展为井喷甚至井喷失控的危险。正确控制井口，最重要的一个环节是保证可以成功关井。关井应根据井的基本情况，如井口设备、井下情况而定。

关井是控制溢流的关键方法，但是在井筒没有条件控制溢流时，关井就会引起井漏或施工井周围地面的窜通，造成钻井设备毁坏、人员伤亡和环境的污染。不能关井的原因包括套管鞋处的地层不能承受合理的关井压力和套管下得很浅，如果关井，地层流体可能会沿井口周围窜到地面。发生溢流不能关井时，应该按要求进行分流放喷或有控制放喷。

### （一）关井方法

发生溢流后有两种关井方法：

一是硬关井，即一旦发现溢流或井涌，立即关闭防喷器的操作程序。

二是软关井，即发现溢流后，关井时先打开节流阀一侧的通道，再关防喷器，最后关闭节流阀的操作程序。

硬关井的主要特点是地层流体进入井筒的体积小，即溢流量小，而溢流量是井控作业能否成功的关键。因此，在一些要求溢流量尽可能小的井中，如含硫化氢的油气井中，如果井口设备和井身结构具备条件，可以考虑使用硬关井。另外，若能做到尽早发现溢流显示，则硬关井产生的“水击效应”就较弱，就可以使用硬关井。按硬关井制定的关井程序比按软关井制定的关井程序简单，控制井口的时间短。因此，在早期井控工作中，特别是液压控制设备出现之前普遍使用硬关井。我国行业标准目前推荐采用软关井方式。

### （二）关井程序

具体的关井程序由于各油田的规定不同而略有差别，但有一点是共同的：必须关闭防喷器，以最快的速度控制井口，阻止溢流的进一步发展。由于油气藏特点不同或钻机类型不同而制定的关井程序应当经过认真考量。

常规的关井操作程序如下：

1. 钻进时发生溢流

（1）发信号：由司钻发出警报，其他岗位人员停止作业，按照井控岗位分工，迅速进入关井操作位置。

（2）停转盘，停泵，把钻具上提至合适位置：由司钻停止钻进作业，上提钻具将钻杆接头提出转盘面0.4～0.5 m，指挥内外钳工扣好吊卡。

（3）开平板阀，适当打开节流阀。若节流阀平时就已处于半开位置，此时就不需要再继续打开了；若节流阀的待命工况是关位，需将其打开到半开位置。如果是液动节流阀，安装有节流管汇控制箱，由内钳工负责操作；如果是手动节流阀，由场地工负责操作；如果平板阀是液动平板阀，安装了司钻控制台，由司钻通过司钻控制台打开液动平板阀，副司钻在远程控制台观察液动平板阀控制手柄的开关状态，否则，由副司钻通过远程控制台打开液动平板阀；如平板阀不是液动阀，由井架工负责打开手动平板阀。

（4）关防喷器，由司钻发出关井信号。如安装了司钻控制台，由司钻通过司钻控制台关防喷器，副司钻在远程控制台观察防喷器相关控制手柄的开关状态，若发现防喷器控制手柄没有到位或司钻控制台操作失误，要立即纠正；如未安装司钻控制台，由副司钻通过远程控制台关防喷器。

（5）关节流阀试关井，再关闭节流阀前的平板阀；如果是液动节流阀，安装有节流管汇控制箱，由内钳工负责操作关闭液动节流阀；如果是手动节流阀，由场地工负责操作关闭节流阀。关闭节流阀时，井架工需将节流阀前面的平板阀关闭以实现完全关井。

（6）录取关井立压、关井套压及钻井液增量。关井后，内钳工协助钻井液工记录关井立压、关井套压、循环罐内钻井液增量，并由钻井液工将三个参数报告司钻和值班干部。

2. 起下钻杆时发生溢流

（1）发信号。由司钻发出警报，其他岗位人员停止作业，按照井控岗位分工，迅速进入关井操作位置。

（2）停止起下钻杆作业，由司钻操作将井口钻杆坐在转盘上，指挥内外钳工做好抢装钻具内防喷工具的准备工作。

（3）抢装钻具内防喷工具，由司钻根据溢流情况判断，是否允许抢起或抢下钻杆。若井下情况允许，要组织井架工、内外钳工抢起或抢下钻杆，然后抢接备用内防喷工具；否则，直接抢接备用内防喷工具。内防喷工具接好后，将钻具提离转盘。

（4）开平板阀，适当打开节流阀。若节流阀平时就已处于半开位置，此时就不需要再继续打开了；若节流阀的待命工况是关位，需将其打开到半开位置。如果是液动节流阀，安装有节流管汇控制箱，由内钳工负责操作；如果是手动节流阀，由场地工负责操作。如果平板阀是液动平板阀，安装了司钻控制台，由司钻通过司钻控制台打开液动平板阀，副司钻在远程控制台观察液动平板阀控制手柄的开关状态，否则，由副司钻通过远程控制台打开液动平板阀；如平板阀不是液动阀，由井架工负责打开手动平板阀。

（5）关防喷器，由司钻发出关井信号。如安装了司钻控制台，由司钻通过司钻控制台关防喷器，副司钻在远程控制台观察防喷器相关控制手柄的开关状态，若发现防喷器控制手柄没有到位或司钻控制台操作失误，要立即纠正；如未安装司钻控制台，由副司钻通过远程控制台关防喷器。

（6）关节流阀试关井，再关闭节流阀前的平板阀；如果是液动节流阀，安装有节流管汇控制箱，由内钳工负责操作关闭液动节流阀；如果是手动节流阀，由场地工负责操作关闭节流阀。节流阀关闭，井架工需将节流阀前面的平板阀关闭以实现完全关井。

（7）录取关井立压、关井套压及钻井液增量。关井后，内钳工协助钻井液工记录关井套压、循环罐内钻井液增量，并由钻井液工将参数报告司钻和值班干部。

3. 起下钻铤时发生溢流

（1）发信号。由司钻发出警报，其他岗位人员停止作业，按照井控岗位分工，迅速进入关井操作位置。

（2）停止起下钻铤作业，由司钻操作将井口钻铤坐在转盘上，并根据溢流情况判断是否允许抢下钻杆，若不能抢下钻杆时，井架工应立即从二层台下来。同时指挥内外钳工做好抢接防喷单根的准备工作。

（3）抢接防喷单根，组织井架工、内外钳工抢接防喷单根，防喷单根接好后，司钻将钻具提离转盘。

（4）开平板阀，适当打开节流阀。若节流阀平时就已处于半开位置，此时就不需要再继续打开了；若节流阀的待命工况是关位，需将其打开到半开位置。如果是液动节流阀，安装有节流管汇控制箱，由内钳工负责操作；如果是手动节流阀，由场地工负责操作。如果平板阀是液动平板阀，安装了司钻控制台，由司钻通过司钻控制台打开液动平板阀，副司钻在远程控制台观察液动平板阀控制手柄的开关状态，否则，由副司钻通过远程控制台打开液动平板阀；如平板阀不是液动阀，由井架工负责打开手动平板阀。

（5）关防喷器，由司钻发出关井信号。如安装了司钻控制台，由司钻通过司钻控制台关防喷器，副司钻在远程控制台观察防喷器相关控制手柄的开关状态，若发现防喷器控制手柄没有到位或司钻控制台操作失误，要立即纠正；如未安装司钻控制台，由副司钻通过远程控制台关防喷器。

（6）关节流阀试关井，再关闭节流阀前的平板阀。如果是液动节流阀，安装有节流管汇控制箱，由内钳工负责操作关闭液动节流阀；如果是手动节流阀，由场地工负责操作关闭节流阀。节流阀关闭，井架工需将节流阀前面的平板阀关闭以实现完全关井。

（7）录取关井套压及钻井液增量。关井后，内钳工协助钻井液工记录关井套压、循环罐内钻井液增量，并由钻井液工将参数报告司钻和值班干部。

4. 空井时发生溢流

（1）发信号，由司钻发出警报。

（2）停止其他作业，岗位人员听到警报后，立即停止作业，按照井控岗位分工，迅速进入关井操作位置。

（3）开平板阀，适当打开节流阀。若节流阀平时就已处于半开位置，此时就不需要再继续打开了；若节流阀的待命工况是关位，需将其打开到半开位置。如果是液动节流阀，安装有节流管汇控制箱，由内钳工负责操作；如果是手动节流阀，由场地工负责操作；如果平板阀是液动平板阀，安装了司钻控制台，由司钻通过司钻控制台打开液动平板阀，副司钻在远程控制台观察液动平板阀控制手柄的开关状态，否则，由副司钻通过远程控制台打开液动平板阀；如平板阀不是液动阀，由井架工负责打开手动平板阀。

（4）关防喷器，由司钻发出关井信号。如安装了司钻控制台，由司钻通过司钻控制台关防喷器，副司钻在远程控制台观察防喷器相关控制手柄的开关状态，若发现防喷器控制手柄没有到位或司钻控制台操作失误，要立即纠正；如未安装司钻控制台，由副司钻通过远程控制台关防喷器。

（5）关节流阀试关井，再关闭节流阀前的平板阀。如果是液动节流阀，安装有节流管汇控制箱，由内钳工负责操作关闭液动节流阀；如果是手动节流阀，由场地工负责操作关闭节流阀。关闭节流阀时，井架工需将节流阀前面的平板阀关闭以实现完全关井。

（6）录取关井套压及钻井液增量。关井后，钻井液工将循环罐内钻井液增量报告司钻和值班干部。空井发生溢流时，若井内情况允许，也可在发出信号后抢下几柱钻杆，然后按起下钻杆的关井程序关井。

## 四、压井程序

压井是向失去压力平衡的井内泵入高密度的钻井液，并始终控制井底压力略大于地层压力，以重建和恢复压力平衡的作业。压井过程中，控制井底压力略大于地层压力是借助节流管汇，控制一定的井口回压来实现的。

### （一）压井基本数据计算

1. 判断溢流类型

（1）首先计算溢流物在环空中占据的高度

$$h_w = \Delta V/Va \quad \text{（式附录1-1）}$$

式中，$h_w$——溢流物在环空中占据的高度，m；

$\Delta V$——钻井液罐增量，$m^3$；

$Va$——溢流物所在位置井眼单位环空容积，$m^3/m$。

（2）计算溢流物的密度

$$\rho_w = \rho_m - \frac{Pa - Pd}{0.0098hw} \quad \text{（式附录1-2）}$$

式中，$\rho_w$——溢流物的密度，$g/cm^3$；

$\rho_m$——当前井内泥浆密度，$g/cm^3$；

$P_a$——关井套压，MPa；

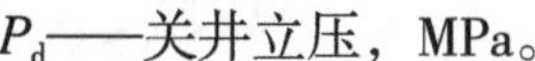

$P_d$——关井立压，MPa。

如果$\rho_w$在0.12～0.36 g/cm$^3$，则为天然气溢流；

如果$\rho_w$在0.36～1.07 g/cm$^3$，则为油溢流或混合流体溢流；

如果$\rho_w$在1.07～1.20 g/cm$^3$，则为盐水溢流。

2. 计算地层压力$P_p$

$$P_p = P_d + \rho_m gH \qquad \text{（式附录1-3）}$$

式中，$\rho_m$——钻具内钻井液密度，g/cm$^3$

3. 计算压井钻井液密度

$$\rho_k = \rho_m + P_d/(gH) \qquad \text{（式附录1-4）}$$

压井钻井液密度的最后确定要考虑安全附加值，同时其计算结果要适当取大。

4. 初始循环压力

压井钻井液刚开始泵入钻柱时的立管压力称为初始循环压力。计算方式如下：

$$P_{Ti} = P_d + P_L \qquad \text{（式附录1-5）}$$

式中，$P_i$——初始循环压力，MPa；

$P_L$——低泵速泵压，即压井排量下的泵压，MPa。

$P_L$可用三种方法求得。

第一种方法：实测法。一般在即将钻开目的层时开始，每只钻头入井后，开始钻进前以及每日白班开始钻进前，要求井队用选定的压井排量循环，并记录下泵冲数、排量和循环压力，即低泵速泵压。当钻井液性能或钻具组合发生较大变化时应补测。

压井排量一般取钻进时排量的1/3～1/2。这是因为：

（1）正常循环压力加上关井立压可能超过泵的额定工作压力。

（2）大排量高泵压所需的功率，可能超过泵的输入功率。

（3）大量流体流经节流阀可能引起过高的套管压力，如果压井循环时，节流阀阻塞，可能导致地层破裂。

采用较低排量时，由于降低了泵等钻井设备负荷，也就提高了钻井设备在压井中的可靠性。在关井立压相当大时也能压井，不致泵压太高。同时，较低的循环速度，有利于加重时对钻井液密度的控制，并且在调节节流阀时，有较长的反应时间。

第二种方法：溢流发生后，用关井套压求初始循环总压力。

（1）缓慢开启节流阀并启动泵，控制套压等于关井套压。

（2）使排量达到压井排量，保持套压等于关井套压。

（3）此时的立管压力表读值近似于所求初始循环总压力。

值得注意的是，此法中保持套压不变的时间要短（小于5 min)，以免压漏地层。此法的优点在于钻遇异常高压层前未记录压井排量下的循环压力，或者虽有记录，但变换了泵或更换了缸套等情况下可测定初始循环压力。

第三种方法：根据水利学公式计算，但误差较大。若已知钻进排量为$Q$时，泵压为$Pc$，压井排量为$Q_L$，根据循环系统压力损耗公式：

$$\frac{Pc}{P_L}=\left(\frac{Q}{Q_L}\right)^2 \quad \text{（式附录1-6）}$$

由此可求出压井排量下的循环压力$P_L$。

5. 终了循环压力

压井钻井液到达钻头时的立管压力称为终了循环压力。

$$P_{Tf}=\frac{\rho_K}{\rho_m}P_L \quad \text{（式附录1-7）}$$

6. 压井钻井液从地面到达钻头的时间

$$t_d=\frac{1000V_d}{60Q} \quad \text{（式附录1-8）}$$

式中，$t_d$——压井钻井液从地面到达钻头的时间，min；

$V_d$——钻具内容积，$m^3$；

$Q$——压井排量，L/s。

7. 压井钻井液从钻头到达地面的时间

$$t_a=\frac{1000V_a}{60Q} \quad \text{（式附录1-9）}$$

式中，$t_a$——压井钻井液从钻头到达地面的时间，min；

$V_d$——环空容积，$m^3$；

$Q$——压井排量，L/s。

## 五、压井方法

根据溢流井、喷井自身所具备的条件及溢流、井喷态势，压井方法可分为常规压井方法和特殊压井方法两类。所谓常规压井方法，就是溢流、井喷发生后，能正常关井，在泵入压井钻井液过程中始终遵循井底压力略大于地层压力的原则完成压井作业的方法。如二次循环法（司钻法）、一次循环法（工程师法）和边循环边加重等方法。所谓特殊压井方法，就是溢流、井喷井不具备常规压井方法的条件而采用的压井方法，如井内钻井液喷空后的天然气井压井、井内无钻具的压井和又喷又漏的压井等。

几种常规压井方法也各有其优缺点。例如，在相同条件下就施工时间而言，发现溢流，关井后等候压井的时间，二次循环法和边循环边加重法较短，而一次循环法较长。但总体压井作业时间，一次循环法较短，二次循环法和边循环边加重法较长。压井过程中出现的套压峰值，二次循环法较大，边循环边加重法次之，一次循环法较小。压井过程中给地层施加的应力，尤其是给浅部地层施加的应力峰值，二次循环法较大，边循环边加重法次之，一次循环法较小。几种方法中，边循环边加重法施工难度大。

在面临常规压井作业需选择压井方法时，不仅要按几种方法的优缺点进行选择，还要根

据本井的具体条件，如溢流类型、重泥浆和加重剂的储备情况，设备的加重能力，地层是否易卡易垮、井口装置的额定工作压力，井队的技术水平等来选择。

## 六、常规压井方法

### （一）关井立管压力为零时的压井方法

关井立管压力为零的情况表明，用钻井液的静液压力足以平衡地层压力，溢流发生是因为抽吸、井壁扩散气、钻屑气等使钻井液静液压力降低所致，其处理方法如下：

（1）当关井套压也为零时，保持钻进时的排量和泵压，以原钻井液敞开井口循环就可排除溢流。

（2）当关井套压不为零时，通过节流阀节流循环，在循环过程中，应控制循环立压不变，循环一周，停泵观察则套压应为零。

上述两种情况循环排污后，应再用短程起下钻检验，判断是否需要调整钻井液密度，然后恢复正常作业。

### （二）关井立管压力和套管压力都不为零时的压井方法

1. 司钻法压井（二次循环法）

司钻法是发生溢流关井求压后，第一循环周用原密度钻井液循环排除环空中被侵污的钻井液，待压井钻井液配制好后，第二循环周泵入井内压井的方法。用两个循环周完成压井，压井过程中保持井底压力不变。

（1）压井步骤

①录取关井资料，计算压井所需数据，填写压井施工单，绘制压力控制进度表，作为压井施工的依据。

②用原钻井液循环排除溢流。

a.缓慢开泵，逐渐打开节流阀，调节节流阀使套压等于关井套压不变，直到排量达到选定的压井排量。

b.保持压井排量不变，调节节流阀使立管压力等于初始循环压力$P_{Ti}$，并在整个循环周保持不变。调节节流阀时，注意压力传递的迟滞现象。液柱压力传递速度大约为300 m/s，3 000 m深的井，需20 s左右才能把节流变化的压力传递到立管压力表上。

c.溢流排完，停泵关井，应使关井立压等于关井套压。

在排除溢流的过程中，应配制加重钻井液，准备压井。

③泵入压井钻井液压井，重建井内压力平衡。

a.缓慢开泵，迅速开节流阀、平板阀，调节节流阀，保持关井套压不变。

b.排量逐渐达到压井排量并保持不变。在压井钻井液从井口到钻头这段时间内，调节节流阀，控制套压等于关井套压不变（也可以控制立管压力由初始循环压力逐渐下降到终了循环压力）。

c.压井钻井液出钻头沿环空上返，调节节流阀，控制立管压力等于终了循环压力$P_{Tf}$，并保持不变。当压井钻井液返出井口后，停泵关井，立管压力及套管压力应皆为零；然后开井，井口无外溢，则说明压井成功。

（2）司钻法压井过程中立管压力及套管压力变化规律（图附录1–13）

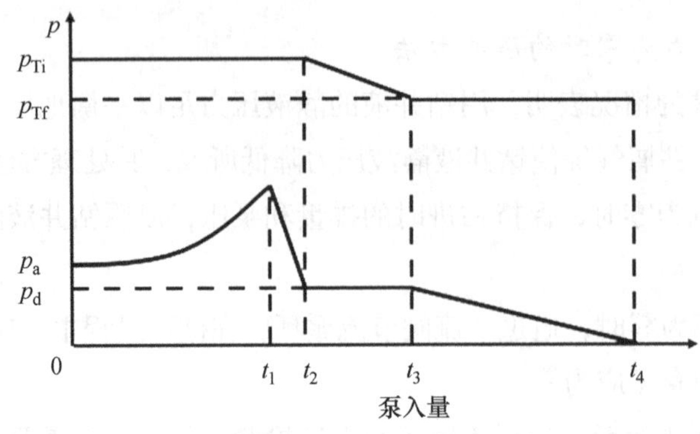

(a)司钻法压井气体溢流立压及套压变化趋势

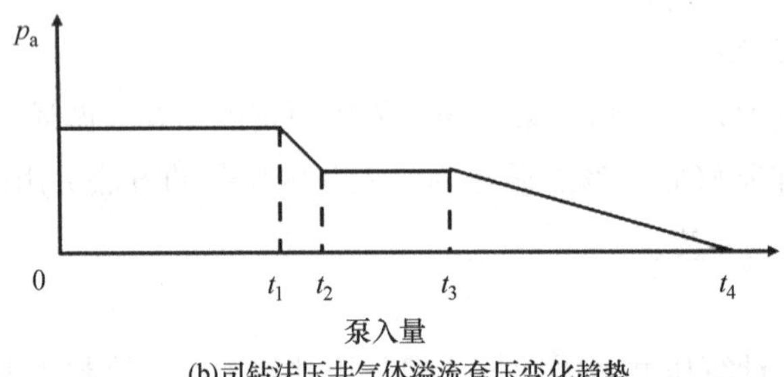

(b)司钻法压井气体溢流套压变化趋势

图附录1–13　司钻法压井过程中立管及套管压力变化规律

①立管压力变化规律

第一循环周0～$t_2$时间内，立管压力保持初始循环压力$P_{Ti}$不变；第二循环周$t_2$～$t_3$时间内，压井钻井液由井口至钻头，立管压力由$P_{Ti}$下降到$P_{Tf}$；$t_3$～$t_4$时间内，压井钻井液由井底返出井口，立管压力保持终了循环压力$P_{Tf}$不变。

②套管压力变化规律

油及盐水溢流套压变化规律：0～$t_1$时间内，溢流物沿环空上返到井口，套压等于关井套压不变；$t_1$～$t_2$时间内，溢流物返出井口，套压由关井套压下降到关井立压；$t_2$～$t_3$时间内，压井钻井液由井口到井底，套管压力不变，其数值等于关井立压；$t_3$～$t_4$时间内，压井钻井液由井底沿环空返至井口，套压逐渐下降到零。

气体溢流套压变化规律：0～$t_1$时间内，溢流物上返到井口，套压逐渐上升并达到最大值；$t_1$～$t_2$时间内，溢流物返出井口，套压下降到关井立管压力值；$t_2$～$t_3$时间内，加重钻井液由井口到井底，套管压力不变，其值等于关井立压值；$t_3$～$t_4$时间内，加重钻井液由井底沿环空返至井口，套压逐渐下降到零。

2. 工程师法压井法（一次循环法或等待加重法）

工程师法压井是指发现溢流关井后，先配制压井钻井液，然后将配制好的压井钻井液直接泵入井内，在一个循环周内将溢流排除并压住井的方法。在压井过程中保持井底压力不变。

（1）压井步骤

①录取关井资料，计算压井数据，填写压井施工单。压井施工单与司钻法压井施工单相似，主要区别是立管压力控制进度表不同。

②配制压井钻井液。压井钻井液密度要均匀，其他性能尽量与井内钻井液保持一致。

③将压井钻井液泵入井内，开始压井施工。

a.缓慢开泵，逐渐打开节流阀，调节节流阀，使套压等于关井套压不变，直到排量达到选定的压井排量。

b. 保持压井排量不变，在压井钻井液由地面到达钻头这段时间内，调节节流阀，控制立管压力按照"立管压力控制进度表"变化，由初始循环压力逐渐下降到终了循环压力。

c. 压井钻井液返出钻头，在环空上返过程中，调节节流阀，使立管压力等于终了循环压力不变。直到压井钻井液返出井口，停泵关井，检查关井套压、关井立压是否为零，如为零则开井，开井无外溢说明压井成功。

（2）工程师法压井过程中立管压力及套管压力变化规律

①立管压力变化规律

立管压力变化规律如图附录1–14所示：0 ～ $t_1$时间内，压井钻井液从地面到钻头，立管压力由初始循环压力$P_{Ti}$下降到终了循环压力$P_{Tf}$；$t_1$ ～ $t_4$时间内，压井钻井液由井底返至井口，立管压力保持终了循环压力不变。

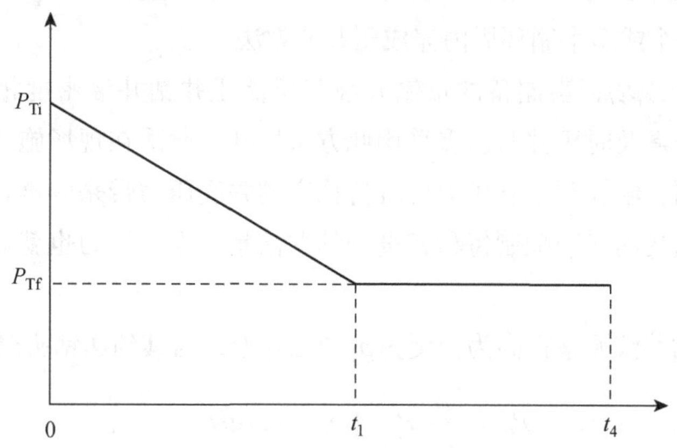


图附录1–14　工程师法压井过程中立管压力变化规律

②工程师法压井过程中套管压力变化规律

溢流为油或盐水时，套压变化如图附录1–15曲线②所示：0 ～ $t_1$时间内，压井钻井液由地面到钻头，套管压力不变，其值等于初始关井套压；$t_1$ ～ $t_2$时间内，压井钻井液进入环空，溢流物逐渐到达井口，套管压力缓慢下降；$t_2 \sim t_3$时间内，溢流排出井口，套管压力迅速下降；$t_3 \sim t_4$时间内，压井钻井液排替环空内原来密度的钻井液，套管压力逐渐降低。

溢流为气体时套压变化如图附录1–15曲线①所示：$0 \sim t_1$时间内，压井钻井液从地面到钻头，气体在环空上升膨胀，套压逐渐升高到第一个峰值；$t_1 \sim t_2$时间内，套压的变化受压井钻井液柱和气体膨胀的影响。一般是压井钻井液在环空开始上升时，套压稍有下降，然后有一段套压平稳，变化不大，然后逐渐升高，气体接近井口时套压迅速升高，达到第二个峰值。两个峰值哪个为极值，取决于溢流井深、压井钻井液与原钻井液密度差、井眼环空容积系数及压井排量等因素，多数第二个峰值为极值。$t_2 \sim t_3$时间内，气体排出，套压迅速下降；$t_3 \sim t_4$时间内，压井钻井液排替原钻井液，套压逐渐下降；加重钻井液返至井口、套压下降为零，压井结束。

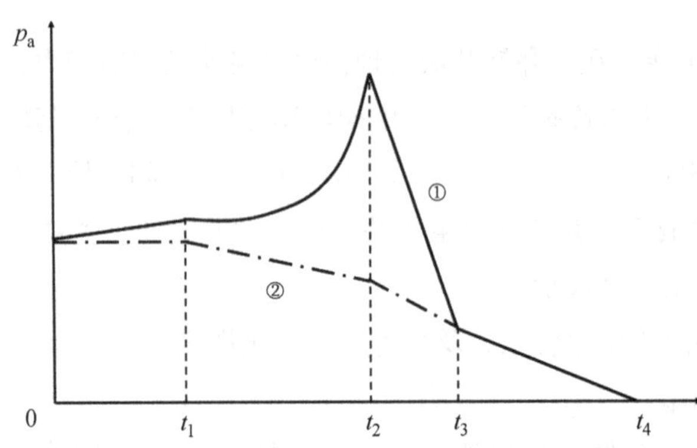


图附录1–15　工程师法压井过程中套管压力变化规律

3. 边循环边加重压井法

边循环边加重压井法是发现溢流，关井求压后，一边加重钻井液，一边随即把加重的钻井液泵入井内，在一个或多个循环周内完成压井的方法。

这种方法常用于现场，当储备的重钻井液与所需压井钻井液密度相差较大，需加重调整，且井下情况复杂需及时压井时，多采用此方法压井。此法在现场施工中，由于钻柱中的压井钻井液密度不同，给控制立管压力以维持稳定的井底压力带来困难。若压井钻井液密度等差递增，并均按钻具内容积配制每种密度的钻井液量，立管压力也就等差递减，这样控制起来相对容易。

将密度为$\rho_m$的钻井液调整提高为密度为$\rho_1$的压井液，当其到达钻头时的终了立管压力为

$$P_{Tf1} = \frac{\rho_1}{\rho_m} P_L + (\rho_K - \rho_1) gH \qquad \text{（式附录1–10）}$$

式中，$P_{Tf1}$——终了立管压力，MPa；

$\rho_1$——第一次调整后的钻井液密度，g/cm$^3$；

$\rho_K$——压井钻井液密度，g/cm$^3$；

$\rho_m$——原钻井液密度，g/cm$^3$；

$H$——井深，m；

$P_L$——低泵速泵压，MPa。

此公式的物理意义是：当密度为$\rho_1$的压井液从地面到钻头的过程中，需要控制立管压力从初始循环压力$P_{Ti}$逐渐下降到终了循环压力$P_{Tf1}$；当该密度的压井钻井液沿环空上返过程中，应控制立管压力等于终了循环压力$P_{Tf1}$不变。第二循环周压井钻井液密度重新调整后，应重新确定初始循环压力和终了循环压力，直到最后把井压住。

（1）常规压井方法的基本原则

a.在整个压井过程中，始终保持压井排量不变。

b.采用小排量压井，一般压井排量为钻进排量的1/3～1/2。

c.压井钻井液量一般为井筒有效容积的1.5～2倍。

d.压井过程中要保持井底压力恒定并略大于地层压力，通过控制回压（立压、套压）来达到控制井底压力的目的。

e.要保证压井施工的连续性。

（2）压井作业中应注意的问题

a.开泵与节流阀的调节要协调

从关井状态改变为压井状态时，开泵和打开节流阀应协调，节流阀开得太大，井底压力就会降低，地层流体可能侵入井内；节流阀开得太小，套压升高，井底压力过大，可能压漏地层。

b.控制排量

整个压井过程中，必须用选定的压井排量循环，并保持不变。必须改变排量时，需重新测定压井时的循环压力，重算初始压力和终了压力。

c.控制好压井钻井液密度

压井钻井液密度要均匀，其大小要恰好能平衡地层压力。

d.要注意立压的滞后现象

压井过程中，通过调节节流阀控制立压、套压，从而达到控制井底压力的目的，压力从节流阀处传递到立压表上，会滞后一段时间，其长短主要取决溢流的种类及溢流的严重程度。

e.节流阀堵塞或刺坏

钻井液中的砂粒、岩屑可能会堵塞节流阀，高速液流可能刺坏节流阀。堵塞时套压升高，解决的办法是迅速打开节流阀，疏通后，迅速关回到原位。此法不成功，改用备用节流阀。刺坏严重，用备用节流阀。

f.钻具刺坏

钻具刺坏，泵压下降，泵速提高；钻具断裂，悬重减小。可观察立压、套压，若两者相等，说明溢流在断口下方；若是气体溢流，让气体上升到断口时，再用加重钻井液压井；若关井套压大于关井立压，说明溢流已经上升到断口上方，可立即用重钻井液压井。

g.钻头水眼堵

水眼堵时，立管压力迅速升高，而套压不变。记下套压，停泵关井，确定新的立管压力值后，再继续压井；水眼完全堵死，不能循环时，先关井，再进行钻具内射孔，然后压井。

h.井漏

压井过程中发生井漏，先进行堵漏作业，然后再进行压井。

## 七、非常规压井方法

非常规压井方法是溢流、井喷井不具备常规压井方法的条件时采用的压井方法，如空井井喷、钻井液喷空的压井等。

1. 平衡点法

平衡点法适用于井内钻井液喷空后的天然气井压井，要求井口条件为防喷器关闭，钻柱在井底，天然气经过放喷管线放喷。这种压井方法是一次循环法在特殊情况下压井的具体应用。

此方法的基本原理是：设钻井液喷空后的天然气井在压井过程中，环空存在一个“平衡点”。所谓平衡点，即压井钻井液返至该点时，井口控制的套压与平衡点以下压井钻井液静液柱压力之和刚好能够平衡地层压力。压井时，当压井钻井液未返至平衡点前，为了尽快在环空建立起液柱压力，压井排量应以在用缸套下的最大泵压求算，保持套压等于最大允许套压；当压井钻井液返至平衡点后，为了减小设备负荷，可采用压井排量循环，控制立管总压力等于终了循环压力，直至压井钻井液返出井口，套压降至零。

平衡点按下式求出：

$$H_{\mathrm{B}}=\frac{P_{\mathrm{aB}}}{0.0098\rho_{\mathrm{K}}}\qquad（式附录1–11）$$

式中，$H_{\mathrm{B}}$——平衡点深度，m；

$P_{\mathrm{aB}}$——最大允许控制套压，MPa。

在无法关井求压的情况下，压井钻井液密度只能根据邻井或相邻构造的地质、测试资料判断。根据上式，压井过程中控制的最大套压等于“平衡点”以上至井口压井钻井液静液柱压力。当压井泥浆返至“平衡点”以后，随着液柱压力的增加，控制套压减小直至零，压井钻井液返至井口，井底压力始终维持为一常数，且略大于地层压力。因此，压井钻井液密度的确定尤其要慎重。

2. 置换法

当井内钻井液已大部分喷空，同时井内无钻具或仅有少量钻具，不能进行循环压井，而井口装置可以将井关闭，压井钻井液可以通过压井管汇注入井内时，这种条件下可以采用置换法压井。通常情况下，由于起钻抽吸，灌浆不够或不及时，电测时井内静止时间过长导致气侵严重引起的溢流，经常采用此方法压井。

具体操作：向井内泵入定量钻井液，关井一段时间，使泵入的钻井液穿过气顶下落，然后放掉一定量的套压，套压降低值与泵入的钻井液产生的液柱压力相等，即：

$$\Delta P_{a}=0.0098\rho_{K}\frac{\Delta V}{V_{h}} \quad （式附录1-12）$$

式中，$\Delta P_{a}$——套压每次降低值，MPa；

$\Delta V$——每次泵入钻井液量，$m^3$；

$\Delta h$——井眼单位内容积，$m^3/m$。

重复上述过程即可逐步降低套压。一旦泵入的钻井液量等于井涌、井喷关井时泥浆罐增量，溢流就全部排除了。置换法进行到一定程度后，置换的速度将因释放套压、挤钻井液的间隔时间变长而趋缓慢，此时可强行下钻到井底，采用常规压井方法压井。强行下钻时，钻具应装有回压阀，最好能灌满钻井液。当钻具进入井筒钻井液中时，还应排掉与进入钻具之体积相等的钻井液量。

置换法压井时，泵入的重钻井液性应能有助于天然气滑脱。

3. 压回法

压回法，即从环空泵入钻井液把进井筒的溢流压回地层。此法适用于空井溢流、井涌初期，天然气溢流未滑脱上升或上升不很高、套管下得较深、裸眼短，只有一个产层且渗透性很好的情况。特别是含硫化氢的溢流。

具体操作：以最大允许关井套压作为施工的最高工作压力，挤入压井钻井液。挤入的钻井液可以是钻进用钻井液或密度偏高一点的钻井液，挤入的量至少等于关井时钻井液罐增量，直到井内压力平衡得到恢复。使用压回法要慎重，不具备上述条件的溢流最好不要采用。

## 八、井控作业中易出现的错误做法

井控作业中的错误作法会带来不良后果，轻则延误恢复井眼－地层压力系统平衡的时间；重则造成井下事故和更加复杂的井控问题。

1. 发现溢流后不及时关井，仍循环观察

发现溢流后不及时关井，仍循环观察会使溢流更严重，地层流体侵入井筒更多，尤其是天然气溢流，因其向上运移中膨胀而排出更多的钻井液。此时的关井立管压力就有可能包含圈闭压力，据此求算的压井泥浆密度偏高，压井时立管循环总压力、套压、井底压力也就偏高；发现溢流后继续循环还可能诱发井喷。因此，发现溢流后无论严重与否，必须毫不犹豫地关井。

2. 发现溢流后把钻具起到套管内

操作人员担心关井期间钻具处于静止状态而发生粘附卡钻，即使钻头离套管鞋很远也要将钻具起到套管内，从而延误了关井时机，让更多的地层流体进入了井筒，其后果是求算的压井钻井液密度比实际需要的高。处理溢流时防止钻具粘附卡钻的主要措施是尽可能地减少地层流体进入井筒。

对于易发生粘卡的地区，若井口装置有两个以上液压防喷器，关井后可以间隔一定时间上下活动钻具。如用环形防喷器关井活动钻具，则只能上下活动，不能旋转，严禁通过平台肩接头；如用闸板防喷器活动钻具，则不可将钻具接头撞击闸板面。

3. 起下钻溢流时仍企图起下钻完

这种情况大多发生在起下钻后期发生溢流时，操作人员企图抢时间起下钻完。但往往适得其反，关井时间的延误会造成严重的溢流，增加井控的难度，甚至恶化为井喷失控。在装备完善的钻井井口组（装有环形、全封、半封防喷器）中，其正确方法是关井再下钻到底，或关井后压井，再下钻到底。

4. 关井后长时间不进行压井作业

对于天然气溢流，若长时间关井，天然气会滑脱上升积聚在井口，使井口压力和井底压力升高，以致会超过井口装置的额定工作压力、套管抗内压强度或地层破裂压力。若长期关井又不活动钻具，还会造成卡钻事故。

5. 压井泥浆密度过大或过小

压井泥浆密度过大，在于地层压力求算不准确。压井泥浆密度过大会造成过高的井口压力和井底压力，过小会使地层流体持续侵入而延长压井作业时间。

6. 排除天然气溢流时保持钻井液罐液面不变

地层流体是否进一步侵入井筒，取决于井底压力的大小。排除天然气溢流时若要保持钻井液罐液面不变，唯一的办法是降低泵速和控制高的套压，关小节流阀，不使天然气在循环上升中膨胀，其后果是套压不断升高、地层被压漏，甚至套管断裂、卡钻，以致发生地下井喷以及井口装置的破坏。

排除溢流保持钻井液罐液面不变的方法仅适于不含天然气的盐水溢流和油溢流。

7. 企图敞开井口使压井钻井液的泵入速度大于溢流速度

当井内钻井液喷空后压井，又因其他原因无法关严（如只下了表层套管，井口装置有刺漏等），若不控制一定的井口回压，企图在敞开井口的条件下，尽可能快地泵入压井钻井液建立起液柱压力，把井压住是不可能的。尤其是天然气溢流，即使以中等速度侵入井筒，它从井筒中举出的钻井液也比泵入的多。可行的办法是在控制最大井口回压下，提高压井钻井液密度（甚至超重钻井液），加大泵排量并发挥该排量下的最大泵动率。

8. 关井后闸板刺漏仍不采取措施

闸板刺漏是因闸板胶芯损坏，不能封严钻具，若不及时处理，会使刺漏更加严重，刺坏钻具，致使钻具断落。正确的作法是带压更换闸板。

# 附录2　连续油管技术基础知识

连续油管作业技术起源于第二次世界大战期间建设的海底管线工程，自20世纪60年代初期，连续油管作业技术开始在石油工业中应用。现代科学技术的发展，有力地推动了连续油管技术的发展与进步。经过不懈努力，到90年代，连续油管作业装置被誉为“万能作业”设备，广泛地应用于油气田修井、钻井、完井、测井等作业，在油气田勘探与开展中发挥着越来越重要的作用。

与常规作业方式相比，连续油管作业具有节约成本、简单省时、安全可靠等优点，目前已应用广泛。利用连续油管作业装置，与传统的修井作业相比，可以大大减小作业时间，并节省50%～70%的费用。连续油管与传统的接头油管柱相比，具有节省起下作业管柱的时间，消除上卸单根的繁重劳动，连续灵活地向井下循环工作液，减小地层伤害和利润高、用途广、安全可靠等优势。连续油管目前的绝大多数应用主要是修井和挤水泥作业。连续油管用于修井时，一半以上用于洗井，包括除砂、除垢、清蜡及清除有机沉淀物等，在此方面，连续油管具有显著优势。

## 一、连续油管设备

目前众多公司推出各类工业用的连续油管作业机中，占主体地位的连续油管装置大多数采用垂直反向旋转的链条驱动注入头。下面对连续油管装置的主要组成构件加以介绍。

连续油管作业机，如图附录2-1所示，是可移动的液压驱动的连续油管起下、运输设备，基本功能是在进行连续油管作业时，向井内起下连续油管柱，作业完成后，将起出的连续油管卷绕在卷筒上以便运输。适用于外径为$\phi$ 19.05 mm(3/4 in)～$\phi$ 60.325 mm(23/8 in)的连续油管。主要设备构成元件包括连续油管、滚筒、导向器、液压注入头、井口防喷器组、液压动力系统、控制台。

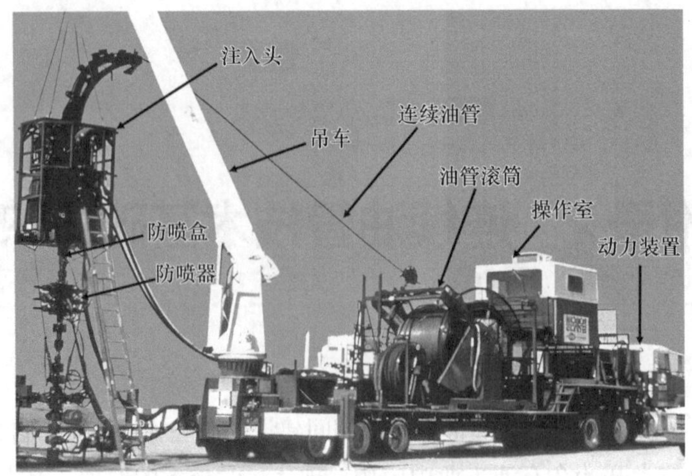


图附录2–1　连续油管作业机

（一）连续油管

连续油管，如图附录2–2所示，主要尺寸范围为0.75 ～ 4 in（19 ～ 102 mm），长度可达9 000 m，强度可以达到140 000 lbs。可分为变径油管和非变径油管，前端壁厚薄，后端壁厚厚，以此减轻管柱负荷，可以下到更深地层。

图附录2–2　连续油管

（二）滚筒

滚筒由滚筒平台和滚筒驱动部分、连续油管滚筒、自动排管器组成。连续油管滚筒为钢结构卷筒，两端带有钢制突沿，用以容纳连续油管，滚筒的排管量随其直径而定。

连续油管里端通过滚筒空心轴与安装在轴上的高压旋转接头相接，旋转接头的固定部分可与液体或气体循环泵系统连接，作业中可不中断循环，如图附录2–3和图附录2–4所示。

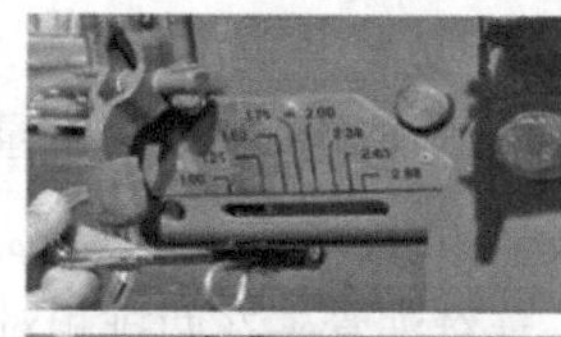

图附录2-3　连续油管滚筒

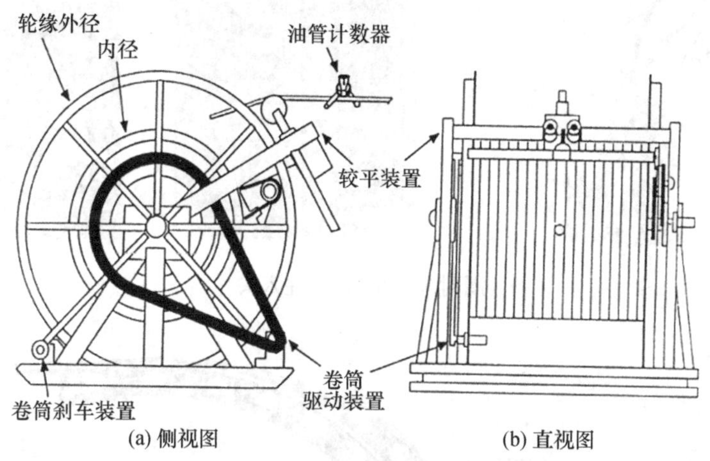


图附录2-4　连续油管滚筒结构示意图

## （三）导向器

导向器，如图附录2-5所示，总成安装在注入头的顶部，其作用是从滚筒上接收连续油管，引导连续油管进入注入头驱动链条内。导向器的弯曲半径大致与滚筒直径相近。

图附录2-5　导向器

(四)液压注入头

液压注入头，如图附录2–6和图附录2–7所示，其主要作用是提供足够的动力，起下连续油管并控制其起下速度。通过一套摩擦驱动系统在正向、反向分别提供所需的推力、拉力，连续油管夹在两排相对的驱动块凹槽之间，驱动块由一系列的液压磙子向内推以夹紧连续油管。向分子施加的负荷力利用液缸通过杠杆实现。

图附录2–6　液压注入头

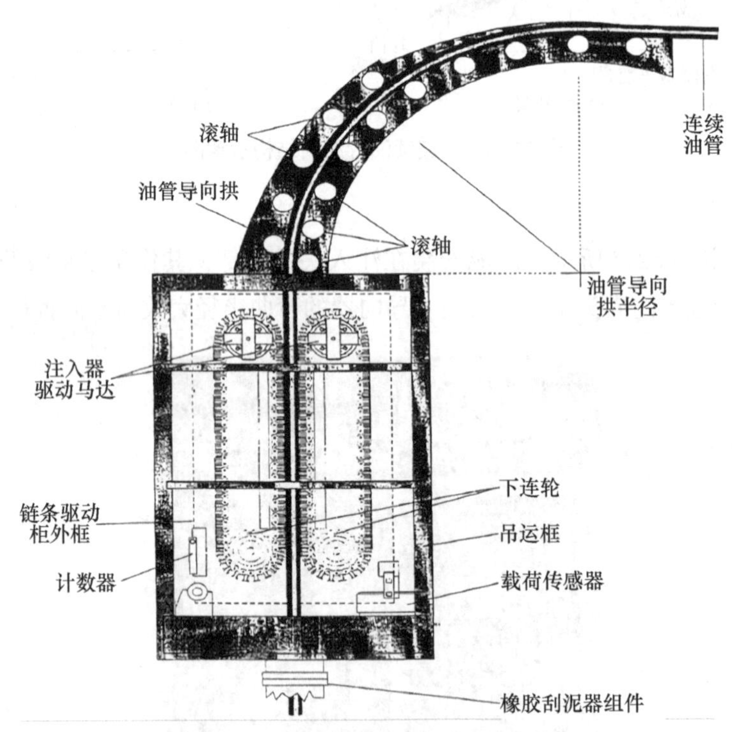


图附录2–7　液压注入头及链条牵引总成剖面

(五)井口防喷器组

井口防喷器组由液压防喷盒、防喷器组等组成，如图附录2–8和图附录2–9所示，用以控制井口压力，防止井喷。

防喷盒的作用是在连续油管的周围形成密封（环形密封），同时允许其仍能上、下运动，是连续油管实现带压作业的最关键的设备部件。防喷盒通过液力推动密封盘根组件屈胀变形而形成密封，其密封压力大小由液压控制。

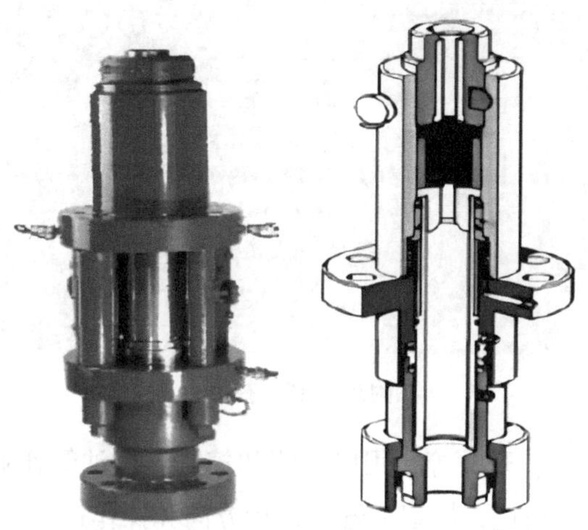

图附录2-8　防喷盒

防喷器组主要由全封闭闸板（当防喷器内没有连续油管或工具时，实现全封闭关井）、油管剪切闸板（出现意外实现切割连续油管）、半封闸板（封闭井内的连续油管外环形空间）、卡瓦闸板（用于悬挂井内的连续油管柱）组成。

图附录2-9　防喷器组

（六）控制台

控制台（图附录2-10）的设计多种多样，但大多立足于远程控制，可以安装在仪表车上或固定在某一装置上，仪表车可根据需要停放在井场上。

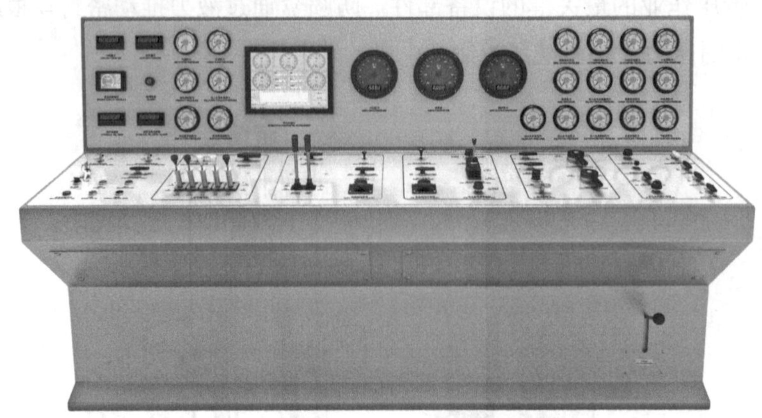

图附录2-10　控制台

控制台上装有全部仪表、开关等，用以监测和控制连续油管作业机所有装置的操作。利用控制屏操纵卷筒和注入头马达，确定油管的运行方向和操作速度.另外利用安装在控制台上的控制系统，还可操纵链条牵引总成、刮泥器、防喷器组的动作。

## 二、连续油管技术施工工艺

（一）连续油管拖动压裂技术

工艺优点：连续油管拖动压裂使用的井下工具，具有反复可靠坐封的能力，降低作业时间和排液时间，加速了生产速度。不需要作业机，预制桥塞和井口设备比常规压裂效率提高35%～110%。

（二）连续油管拖动酸化技术

工艺优点：连续油管可实现任意级酸化（避免不同地层吸酸性差异），便于水平井段注酸，避免酸液与油管接触，造成不必要的腐蚀。可直接在生产井上作业，无须压井。作业后可直接气举，快速返排并恢复生产。

（三）连续油管解卡堵技术

工艺优点：连续油管作业机同热洗车配套使用，不压井带压施工，循环热水、油或清蜡剂以溶解蜡垢，效果显著；携带专用工具，利用水射流或酸液，可以处理油气井生产层位的近地层堵塞；也适用于套管变形以下井段层位的堵塞处理。

（四）连续油管排液

工艺优点：连续油管作业机与氮气车组配合，主要应用在油井酸化压裂后、试油井、气井诱喷、气井排液等，排液方式以注入氮气为主。连续油管排液工序少，周期短，特别是对于超深井及复杂结构井的排液，优势明显。

（五）测井技术

工艺优点：利用连续油管传送电测与射孔工具，不需压井，可带压作业。解决了电缆无

法下入大斜度井段，钻杆传送不能连续作业的问题。连续油管作业简单方便、占地面积小，节省作业成本。

（六）钻塞技术

工艺优点：作业连续，速度快，一次即可完成。可安装捕屑器，防止卡钻，提高了钻塞施工效率，节约成本。

（七）选择性多级压裂和控制开采技术

工艺优点：针对水平井储层改造不能选择性实施二次作业、控制开采等技术瓶颈，在完井管串内，用连续油管打开可开关滑套，压裂第一层后关闭滑套，打开第二个可开关滑套，压裂第二层，多次重复依次完成多段压裂。整体压裂完成后，根据试采情况选择性控制开采。

# 参考文献

[1] 雷群. 井下作业 [M]. 北京 : 石油工业出版社, 2019.

[2] 时凤霞, 杨帆. 井下作业实训指导: 富媒体 [M]. 北京 : 石油工业出版社, 2019.

[3] 蔡宝君，白瑞义. 井下作业：第二版 · 富媒体 [M]. 北京 : 石油工业出版社, 2019.

[4] 中国石油天然气集团公司职业技能鉴定指导中心. 井下作业工 [M]. 北京 : 石油工业出版社, 2014.

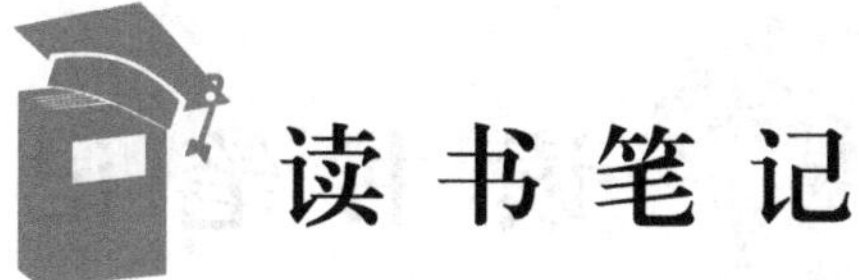
读书笔记

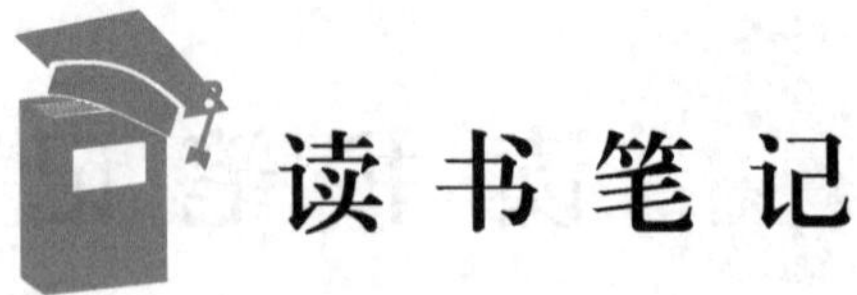

# 读书笔记

读书笔记

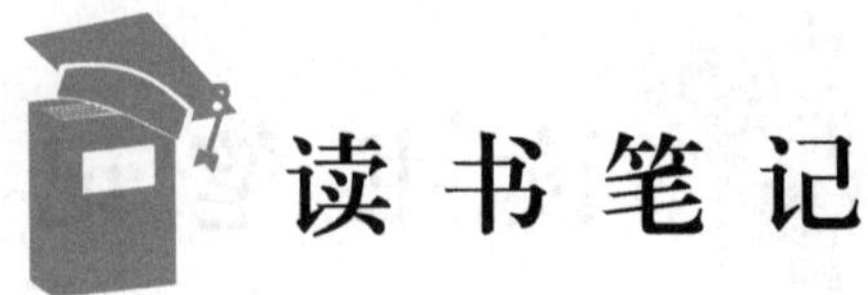
读书笔记

# 读书笔记

# 读书笔记

读书笔记

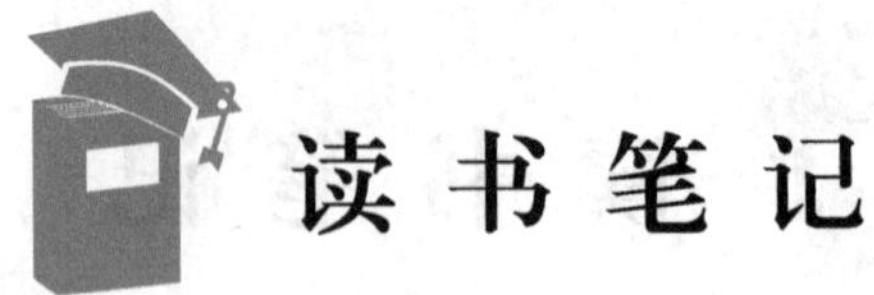

# 读书笔记